Grüne Marketing-Kommunikation

Matthias Johannes Bauer
Sarah Sobolewski

Grüne Marketing-Kommunikation

Green Communication im Marketing-Mix nachhaltigkeitsorientierter Unternehmen

 Springer Gabler

Matthias Johannes Bauer
Düsseldorf, Deutschland

Sarah Sobolewski
Essen, Deutschland

ISBN 978-3-658-37859-2   ISBN 978-3-658-37860-8 (eBook)
https://doi.org/10.1007/978-3-658-37860-8

Die Deutsche Nationalbibliothek verzeichnet diese Publikation in der Deutschen Nationalbibliografie;
detaillierte bibliografische Daten sind im Internet über http://dnb.d-nb.de abrufbar.

Springer Gabler

Lektorat/Planung: Barbara Emig-Roller
Springer Gabler ist ein Imprint der eingetragenen Gesellschaft Springer Fachmedien Wiesbaden GmbH
und ist ein Teil von Springer Nature.
Die Anschrift der Gesellschaft ist: Abraham-Lincoln-Str. 46, 65189 Wiesbaden, Germany

Vorwort

„Grün" ist im Trend. Nachhaltigkeit wird zunehmend zum Erfolgsfaktor für Unternehmen. Seit einigen Jahren hat sich in diesem Kontext der Begriff „Green Marketing" (auch: Nachhaltigkeitsmarketing) durchgesetzt. Im Rahmen des Green Marketings kommt der Kommunikationspolitik eine besondere Bedeutung zu.

Das Buch beschäftigt sich mit der Leitfrage, welchen Einfluss Nachhaltigkeit auf die Kommunikationspolitik von Unternehmen im Rahmen des Green Marketings hat. Es wird untersucht, inwiefern die klassische und grüne Marketingkommunikation integriert werden können und wie Unternehmen konkret ihre Green-Marketing-Kommunikation umsetzen.

Das Buch illustriert das Thema Green Marketing und in dessen Folge die Grundlagen der Kommunikationspolitik als Teil des Marketing-Mixes anhand aller einzelnen Phasen: die Kommunikationssituation, die Kommunikationsziele, die Zielgruppen, die Kommunikationsstrategie, das Kommunikationsbudget, die operative Kommunikation sowie die Erfolgskontrolle der Kommunikation. Als Branche steht beispielhaft die Energiewirtschaft im Fokus der Ausführungen.

Wir hoffen, mit der vorliegenden Publikation einen wissenschaftlich fundierten, praxisnahen Leitfaden für eine grünere Kommunikationspolitik geben zu können.

Düsseldorf, Deutschland	Matthias Johannes Bauer
Essen, Deutschland	Sarah Sobolewski
Frühjahr 2022	

Inhaltsverzeichnis

1

Einleitung

Zusammenfassung In diesem Kapitel steht die Bedeutung der Nachhaltigkeit für die Gesellschaft im Zentrum. Das steigende Interesse an diesem Thema verstärkt die Interdependenzen mit unternehmerischen Strategien. Diese schlagen sich im Marketing und damit auch in der Kommunikation nieder. Grüne Marketingkommunikation ist ein neues und noch recht unbekanntes Feld.

Kaum ein Bereich hat in den letzten Jahren so viel Aufmerksamkeit erfahren wie das Thema Nachhaltigkeit. Der Klimawandel, Fridays for Future, Greta Thunberg und viele weitere Treiber haben dafür gesorgt, dass sich nicht nur Privatpersonen mit nachhaltigen Alternativen auseinandersetzen, sondern zunehmend auch Unternehmen. Dies hat nicht ausschließlich ethische Gründe, sondern auch der wirtschaftliche Aspekt spielt eine entscheidende Rolle. Der öffentliche Druck auf die Organisationen steigt und Unternehmen müssen sich zunehmend Fragen hinsichtlich ihrer unternehmerischen Verantwortung stellen (vgl. Leitherer, 2019; Kenning, 2014, S. 4). Zugleich wandelt sich das Bewusstsein der

© Der/die Autor(en), exklusiv lizenziert an Springer Fachmedien Wiesbaden GmbH, ein Teil von Springer Nature 2022
M. J. Bauer, S. Sobolewski, *Grüne Marketing-Kommunikation*,
https://doi.org/10.1007/978-3-658-37860-8_1

Konsumenten[1], sodass immer mehr Kaufentscheidungen auf Basis von Umwelt- und Verantwortungsaspekten getroffen werden (vgl. Sodhi & Ghosh, 2020, S. 35; Wühle, 2019, S. 61). Grün[2] ist demnach im Trend (vgl. Kraus, 2020, S. 3) und Nachhaltigkeit wird zunehmend zum Erfolgsfaktor für Unternehmen. Deshalb sollten sich Unternehmen ihre nachhaltige Unique Selling Proposition (USP) bewusst machen, sich strategisch danach ausrichten und dies auch bewusst kommunzieren (vgl. Wühle, 2019, S. 61). Damit dies gelingt, muss sich auch das Marketing der Unternehmen verändern. Denn während der reine Verkauf und Profit in den Hintergrund geraten, gewinnen Werte und Sinnhaftigkeit an Bedeutung (vgl. Grant, 2020, S. 1–3; Stumpf, 2020, S. 17).

Seit einigen Jahren hat sich in diesem Kontext der Begriff „Green Marketing", auch unter dem Begriff Nachhaltigkeitsmarketing zu finden, durchgesetzt. Zwar wurden die ersten nachhaltigen Marketingkonzepte schon in den späten 1960er-Jahren entwickelt, jedoch stand der Konsum zu stark im Vordergrund (vgl. Scholz et al., 2015, S. 127), sodass diese erst in späteren Jahren Aufmerksamkeit erzielten (vgl. Gutjahr, 2019, S. 176). Heute zählt Green Marketing zu einem der wichtigsten Zukunftsthemen im Marketing (vgl. Stumpf, 2020, S. 17). Durch den vorgeschlagenen Green Deal der Europäischen Union[3] gewinnt das Konzept weiter an Relevanz, da die Unternehmen angehalten sind, sich mit einem nachhaltigen Re-Design ihrer Produkte zu beschäftigen (vgl. Mattauch, 2021, S. 21).

Durch das gestiegene Ansehen lassen sich in der Literatur zunehmend Praxisbeispiele und Anleitungen für Unternehmen im Kontext von Green Marketing finden. Dabei wird häufig betont, dass Green Marketing nur erfolgreich sein kann, wenn das Unternehmen authentisch agiert und somit ein kongruentes Erscheinungsbild aufweist (vgl. Weigand, 2017, S. 29 f.). Unternehmen sollten daher nachhaltig wirtschaften und dies

---

[1] Aus Gründen der besseren Lesbarkeit wird im Rahmen dieses Buches ausschließlich die maskuline Sprachform verwendet. Es soll jedoch bedacht werden, dass sämtliche Personenbezeichnungen und maskuline Sprachformen gleichermaßen für alle Geschlechter (männlich, weiblich, divers) gelten.

[2] Grün steht als Farbe hier sinnbildlich für das Thema Nachhaltigkeit.

[3] Es handelt sich hierbei um eine Strategie, die Maßnahmen festlegt, wie die europäische Union umwelt- und klimabedingte Herausforderungen angehen möchte (vgl. Europäische Kommission 2019, S. 2).

gleichzeitig nach innen und außen glaubhaft kommunizieren, um kein Green Washing[4] zu betreiben (vgl. Weigand, 2017, S. 29 f.). Die Wirtschaftsethikerin und Nachhaltigkeitsexpertin Sarah Jastram stellt zwar fest, dass sich die Green-Washing-Vorfälle deutscher Unternehmen stark reduziert haben, trotzdem sind viele Unternehmen noch vorsichtig und kommunizieren ihre Nachhaltigkeitsaktivitäten eher zurückhaltend (vgl. Hermes, 2021, S. 15 f.). Belz und Peattie (2012, S. 201 f.) betonen jedoch, dass es ohne eine effektive Kommunikation beinahe unmöglich ist, die Konsumenten für Nachhaltigkeit zu sensibilisieren. Folglich müssen die Unternehmen im Rahmen des Green Marketings einen Spagat schaffen zwischen offensiver und dennoch glaubwürdiger Kommunikation.

Es stellt sich somit die Frage, wie eine grüne Kommunikationspolitik dahingehend gestaltet werden kann. Bisher gibt es jedoch noch kein eigenes Werk über die grüne Kommunikationspolitik von Unternehmen und die Thematik wird aktuell nur oberflächlich in der Green-Marketing-Literatur berücksichtigt (vgl. u. a. Grant, 2020; Scholz, 2018a, b, c; Weigand, 2017). Der Fokus liegt in diesen Publikationen stark auf den Kommunikationsinstrumenten, die sich für nachhaltige Themen eignen. Es gibt somit bisher kein Handbuch oder Ähnliches, das eine gesamtheitliche Betrachtung der grünen Kommunikationspolitik vornimmt.

Diese Lücke will die vorliegende Publikation schließen und der Leitfrage nachgehen, welchen Einfluss Nachhaltigkeit auf die Kommunikationspolitik von Unternehmen im Rahmen des Green Marketings hat oder haben sollte. Das Buch hat somit zum Ziel, einen ganzheitlichen Eindruck von der grünen Kommunikationspolitik von Unternehmen zu geben. In diesem Zuge soll ferner gezeigt werden, inwiefern die klassische und grüne Marketingkommunikation integriert werden können und wie Unternehmen konkret ihre Green-Marketing-Kommunikation umsetzen können.

---

[4] Man spricht von Green Washing, wenn Unternehmen versuchen, durch verschiedene Marketingaktivitäten ein grünes Image zu erlangen, ohne hierfür die notwendigen Maßnahmen umzusetzen (vgl. Lin-Hi 2018).

Literatur

Belz, F.-M., & Peattie, K. (2012). *Sustainability marketing – A global perspective* (2. Aufl.). Wiley.

Europäische Kommission. (2019). *Mitteilung der Kommission an das Europäische Parlament, den Europäischen Rat, den Rat, den Europäischen Wirtschafts- und Sozialausschuss und den Ausschuss der Regionen: Der europäische Grüne Deal.* Europäische Kommission.

Grant, J. (2020). *Greener marketing.* Wiley.

Gutjahr, A. (2019). *Markenpsychologie: Wie Marken wirken – Was Marken stark macht* (4. Aufl.). Springer Gabler.

Hermes, V. (2021). Wir brauchen mehr Marketing für nachhaltige, gute Unternehmen! *absatzwirtschaft, 5,* 14–18.

Kenning, P. (2014). Sustainable Marketing – Definition und begriffliche Abgrenzung. In H. Meffert, P. Kenning & M. Kirchgeorg (Hrsg.), *Sustainable Marketing Management – Grundlagen und Cases* (S. 3–20). Springer Gabler.

Kraus, D. (2020). *Green Marketing – ein Ansatz nachhaltiger Unternehmensführung aus Sicht des Marketings* (*Erfurter Hefte zum angewandten Marketing,* Bd. 57). Fachhochschule Erfurt.

Leitherer, J. (2019). Wie grün muss Green Marketing sein? Springer Professional. https://www.springerprofessional.de/marketingkommunikation/produktentwicklung/wie-gruen-muss-green-marketing-sein-/16916928. Zugegriffen am 06.08.2021.

Lin-Hi, N. (2018). Green Washing. Gabler Wirtschaftslexikon. https://wirtschaftslexikon.gabler.de/definition/greenwashing-51592/version-274753. Zugegriffen am 06.08.2021.

Mattauch, C. (2021). Der grüne Hebel. *absatzwirtschaft, 5,* 20–30.

Scholz, U. (2018a). Green Marketing: Ein ganzheitlicher Ansatz für nachhaltiges Handeln. In U. Scholz, S. Pastoors, J. Becker, D. Hofmann & R. van Dun (Hrsg.), *Praxishandbuch Nachhaltige Produktentwicklung: Ein Leitfaden mit Tipps zur Entwicklung und Vermarktung nachhaltiger Produkte* (S. 39–48). Springer Gabler.

Scholz, U. (2018b). Markteinführung: Praktische Einführung des Green Marketing. In U. Scholz, S. Pastoors, J. Becker, D. Hofmann & R. van Dun (Hrsg.), *Praxishandbuch Nachhaltige Produktentwicklung: Ein Leitfaden mit Tipps zur Entwicklung und Vermarktung nachhaltiger Produkte* (S. 229–240). Springer Gabler.

Scholz, U. (2018c). Chancen der nachhaltigen Produktentwicklung. In U. Scholz, S. Pastoors, J. Becker, D. Hofmann & R. van Dun (Hrsg.), *Praxishandbuch Nachhaltige Produktentwicklung: Ein Leitfaden mit Tipps zur Entwicklung und Vermarktung nachhaltiger Produkte* (S. 257–264). Springer Gabler.

Scholz, U., Pastoors, S., & Becker, J. H. (2015). *Einführung in nachhaltiges Innovationsmanagement und die Grundlagen des Green Marketing*. Tectum.

Sodhi, S., & Ghosh, A. (2020). Green marketing: An empirical study on Jharkhand context – Consumer perception and preferences. *ANWESH: International Journal of Management & Information Technology, 5*(1), 35–43.

Stumpf, M. (2020). *Die 10 wichtigsten Zukunftsthemen im Marketing* (2. Aufl.). Haufe Lexware.

Weigand, H. (2017). *Green Marketing – inkl. Arbeitshilfen online: Erfolgsstrategien für kleine und mittelständische Unternehmen*. Haufe Lexware.

Wühle, M. (2019). Nachhaltigkeit als Erfolgsfaktor. In A. Ternès & M. Englert (Hrsg.), *Nachhaltiges Management: Nachhaltigkeit Als Exzellenten Managementansatz Entwickeln* (S. 61–78). Springer Gabler.

2

Theoretischer Rahmen

Zusammenfassung In diesem Kapitel werden die theoretischen Grundlagen von Green Marketing und grüner Marketingkommunikation gelegt. Es werden die zentralen Begriffe definiert und Rahmenbedingungen aufgezeigt. Die einzelnen Prozesse und Prozessschritte werden sowohl innerhalb des grünen Marketings als auch der grünen Kommunikation dargestellt. Das Kapitel gibt einen Überblick über die Grundlagen des Themenfelds.

2.1 Grundlagen des Green Marketings

In diesem Abschnitt werden die Grundlagen des Green Marketings vorgestellt. Hierzu ist es zunächst notwendig, ein Verständnis für den Begriff Nachhaltigkeit zu gewinnen, um anschließend das Green Marketing definieren zu können. Des Weiteren wird kurz auf den Green-Marketing-Prozess sowie die wesentlichen Vorteile eingegangen.

© Der/die Autor(en), exklusiv lizenziert an Springer Fachmedien Wiesbaden GmbH, ein Teil von Springer Nature 2022
M. J. Bauer, S. Sobolewski, *Grüne Marketing-Kommunikation*,
https://doi.org/10.1007/978-3-658-37860-8_2

2.1.1   Einordnung und Begriffsdefinition

Derzeit gibt es keine einheitliche Definition des Begriffs Green Marketing (vgl. Kraus, 2020, S. 4). Dieser wird daher häufig mit Begriffen wie Nachhaltigkeitsmarketing oder Ökomarketing gleichgesetzt, die sich jedoch grundlegend voneinander unterscheiden (vgl. Scholz, 2018a, S. 40; Kenning, 2014, S. 11). Während das ökologische Marketing die Einsparung von Umweltbelastungen verfolgt (vgl. Kirchgeorg, 2018a), nimmt das Nachhaltigkeitsmarketing eine ganzheitliche Betrachtung des Nachhaltigkeitsaspekts vor (vgl. Kirchgeorg, 2018b). Dieser beinhaltet, nach heutiger Definition,[1] einen Dreiklang aus ökologischen, sozialen und wirtschaftlichen Faktoren, welcher auf die Definition der Europäischen Kommission zurückgeht (vgl. Abb. 2.1) (vgl. Europäische Kommission, 2019). Demzufolge spricht die Europäische Kommission in ihrem Konzept zur nachhaltigen Entwicklung von einer Querschnittsaufgabe aus den drei Komponenten zur Bedürfnisbefriedigung der heutigen Generation, ohne dabei die Möglichkeiten zukünftiger Generationen zu beeinträchtigen (vgl. Europäische Kommission, 2016, S. 2).

Nachhaltiges Marketing umfasst somit alle drei Komponenten der Nachhaltigkeit. Es kann definiert werden als „[…] *a holistic approach whose aims is to ensure that marketing strategies and tactics are specifically designed to secure a socially equitable, environmentally friendly and economically fair and viable business for the benefit of current and future generations of customers, employees and society as a whole.“* (Emery, 2012, S. 24). Belz & Peattie (2012, S. 29) fassen den Begriff noch weiter zusammen und definieren Sustainable Marketing Management als „[…] *planning, organizing, implementing and controlling marketing resources and programmes to satisfy consumers' wants and needs, while considering social and environmental criteria and meeting corporate objectives.“* Dabei ist vor allem die Langfristigkeit ein entscheidendes Merkmal für das Nachhaltigkeitsmarketing (vgl. Belz & Peattie, 2012, S. 29).

---

[1] Zu Beginn wurde Nachhaltigkeit in der Literatur nur der ökologische Aspekt zugeordnet. Diese Definition geht auf den Freiberger Oberberghauptmann Carl von Carlowitz (1645–1714) zurück (vgl. Rösch et al., 2020, S. 1). Er verwendete zum ersten Mal den Begriff Nachhaltigkeit in dem Zusammenhang, dass nur die Menge an Bäumen abgeholzt werden soll, die auch wieder nachwachsen kann (vgl. von Carlowitz & Irmer 2000, S. 105 f.).

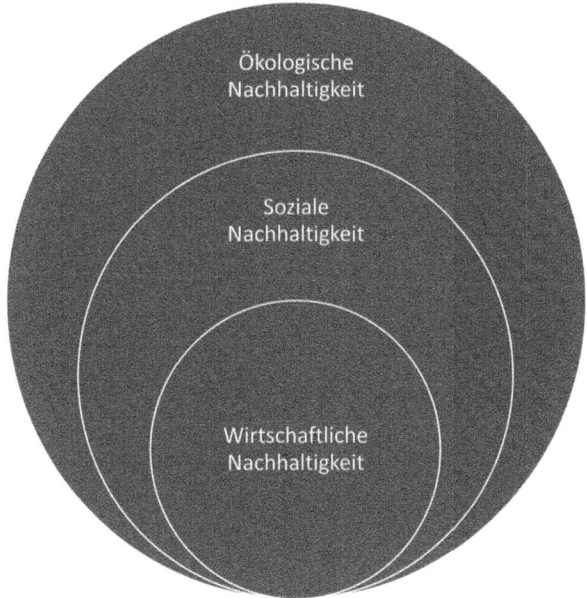

Abb. 2.1 Der Dreiklang der Nachhaltigkeit. (Quelle: Eigene Darstellung)

Nach Scholz (2018a, S. 39–41) liegt dem ursprünglichen Green Marketing ausschließlich der ökologische Aspekt der Nachhaltigkeit zugrunde, jedoch hat sich Green Marketing mit den Jahren zu einem weiter gefassten Konzept entwickelt, das sowohl ökologische als auch soziale und wirtschaftliche Ziele berücksichtigt. Eine weit verbreitete Definition ist die von Peattie & Charter (vgl. Scholz et al., 2015, S. 139). Sie definieren Green Marketing als *„[t]he holistic management process responsible for identifying, anticipating and satisfying the needs of customers and society, in a profitable and sustainable way."* (Peattie & Charter, 2003, S. 727). Nach Scholz (2018a, S. 39) hat diese Definition auch heute noch Bestand. Gordon et al. (2011, S. 146) bringen die Begriffserklärung von Peattie und Charter noch stärker auf den Punkt und definieren Green Marketing als Entwicklung und Vermarktung von nachhaltigen Produkten und Dienstleistungen sowie die Berücksichtigung von Nachhaltigkeitsaktivitäten in den Marketing- und Wirtschaftsprozessen. Im Rahmen des Green Marketings werden somit Nachhaltigkeitslösungen geschaffen (vgl. Scholz et al., 2015, S. 132).

Es zielen aber auch heute noch viele Definitionen auf den rein ökologischen Aspekt des Green Marketings ab. Ein Beispiel dafür kann in der offiziellen Definition der American Marketing Association (AMA) gesehen werden:

> „Green marketing refers to the development and marketing of products that are presumed to be environmentally safe (i.e., designed to minimize negative effects on the physical environment or to improve its quality).

> This term may also be used to describe efforts to produce, promote, package, and reclaim products in a manner that is sensitive or responsive to ecological concerns." (American Marketing Association, 2017).

Emery (2012, S. 17) hält fest, dass die meisten Green-Marketing-Definitionen die Umweltbelange stärker betonen als die anderen beiden Aspekte der Nachhaltigkeit (nämlich die sozialen und wirtschaftlichen). Jedoch ist er der Meinung, dass eine rein ökologische Betrachtung des Green Marketings nicht zielführend ist (vgl. Emery, 2012, S. 27). Daher empfiehlt Emery, Green Marketing als gesamtheitliches Nachhaltigkeitsmarketing zu betrachten. Scholz (2018a, S. 39) betont in diesem Zuge, dass Green Marketing eine Erweiterung des ökologischen Marketings darstellt. Green Marketing kann also mit dem Begriff Nachhaltigkeitsmarketing gleichgesetzt werden, jedoch wird der Begriff Green Marketing eher dem modernen Zeitgeist gerecht, weshalb Grant (2020, S. 60) diesen Begriff bevorzugt. Es muss aber darauf hingewiesen werden, dass einige Wissenschaftler diesen Ansatz weiterhin als Nachhaltigkeitsmarketing betiteln (vgl. Kemper & Ballantine, 2019, S. 284), sodass die Begrifflichkeiten nicht klar getrennt werden können.

Weigand (2020, S. 53) führt in diesem Zusammenhang aus, dass Green Marketing eine *„[…] Unternehmensfunktion, die auf einer auf Nachhaltigkeit ausgerichteten Grundhaltung fußt"* darstellt. Demnach geht es beim Green Marketing um weit mehr als die reine Vermarktung von nachhaltigen Produkten und Services (vgl. Weigand, 2020, S. 53). Grant (2007, S. 48) ist ebenfalls der Meinung, dass es hierbei nicht ausschließlich um eine grüne Kommunikationsstrategie geht, sondern um die Entwicklung eines Businessmodells. Es handelt sich somit um einen ganz heitlichen Ansatz, der alle Aspekte des Marketings aufgreift, mit dem Ziel, den neuen Anforderungen der Kunden nicht nur gerecht zu werden, sondern diese bestenfalls zu übertreffen (vgl. Scholz et al., 2015, S. 4). Weigand (2020, S. 53) spricht sogar davon, dass nicht der ökonomische Erfolg, sondern das Gemeinwohl beim Green Marketing an erster Stelle stehen sollte, damit das Konzept erfolgreich sein kann. Der wirtschaftliche Aspekt darf jedoch nicht gänzlich außer Acht gelassen werden (vgl. Oestreicher, 2017. S. 224). Denn wenn ein Unternehmen nicht nachhaltig wirtschaftet, muss es Mitarbeiter entlassen, was wiederum nicht nachhaltig ist (vgl. Weigand, 2017, S. 95). Demnach sollten beim Green Marketing drei Ziele verfolgt werden: kommerzieller Erfolg, grüner Erfolg und kultureller Erfolg (vgl. Grant, 2007, S. 56, s. auch Abb. 2.2).

Außerdem soll Green Marketing zur Aufklärung der Gesellschaft dienen (vgl. Scholz et al., 2015, S. 152; Emery, 2012, S. 218–219). Denn mittels Green Marketing sollen Unternehmen ihren Kunden nachhaltige Alternativen aufzeigen (vgl. Scholz, 2018c, S. 261), die Nachfrage nach

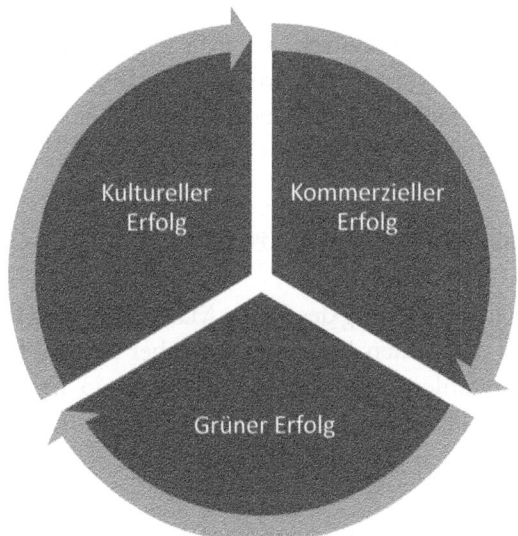

Abb. 2.2 Die drei Ziele des Green Marketings: kommerzieller Erfolg, grüner Erfolg und kultureller Erfolg. (Quelle: Eigene Darstellung)

grünen Produkten wecken (vgl. Scholz et al., 2015, S. 133) und mehr Menschen dazu bringen, einen grünen Lebensstil zu leben (vgl. Grant, 2007, S. 33).

Es kann an dieser Stelle somit zusammengefasst werden, dass Green Marketing nicht einheitlich definiert werden kann. Es wurde jedoch deutlich, dass es Aspekte des Öko- und Nachhaltigkeitsmarketings umfasst und dass es sich um einen ganzheitlichen Ansatz handelt. Einige Definitionen beziehen lediglich die ökologische Komponente der Nachhaltigkeit ein, während andere alle drei Aspekte berücksichtigen. Alle Definitionen haben jedoch gemein, dass es um das Marketing nachhaltiger Produkte und Services geht. Dies macht nach Pastoors (2018a, S. 79–84) den wesentlichen Unterschied zum Corporate-Social-Responsibility(CSR)-Ansatz aus.[2]

Da sich im deutschsprachigen Raum (vgl. u. a. Scholz, 2018a) eher die gesamtheitliche Nachhaltigkeitsbetrachtung durchgesetzt hat und im Rahmen dieser Publikation deutsche Fallbeispiele betrachtet werden, wird im weiteren Verlauf Green Marketing nach Peattie und Charter (2003) definiert. Dabei wird ausschließlich der Begriff Green Marketing und nicht Nachhaltigkeitsmarketing verwendet, um den modernen Zeitgeist widerzuspiegeln. Das Wort „Green" soll jedoch nicht nur den ökologischen Aspekt ausdrücken, sondern auch synonym für Begrifflichkeiten wie bio, öko, sozial, fair, saisonal, regional, nachhaltig, verantwortungsvoll, effizient und sparsam stehen (vgl. Scholz et al., 2015, S. 132).

2.1.2 Green-Marketing-Prozess

Zur erfolgreichen Umsetzung des Green Marketings wird häufig der strategische Prozess der beiden Innovationsforscher Frank-Martin Belz und Ken Peattie empfohlen (vgl. Scholz, 2018a, S. 43 f.). Sie haben den Green-Marketing-Prozess in sechs Schritte aufgeteilt, die nachfolgend kurz dargestellt werden (vgl. Belz & Peattie, 2012, S. 29–31):

---

[2] Beim CSR geht es um ein verantwortungsvolles unternehmerisches Handeln und weniger um die konkrete Produktentwicklung, wie in der weitverbreiteten Definition der Europäischen Kommission (vgl. Schneider, 2015, S. 24; vgl. Schleer, 2014, S. 18) deutlich wird: Diese versteht unter CSR „[...] die Verantwortung von Unternehmen für ihre Auswirkungen auf die Gesellschaft [...]" (Europäische Kommission, 2011, S. 7).

1. Den Ausgangspunkt bilden die Analyse der sozialen und ökologischen Situation des Unternehmens sowie der Unternehmensprodukte und die damit einhergehende Identifizierung möglicher Probleme (Social-Ecological Problems). Hierzu zählen u. a. ökologische Folgen durch die Nutzung von Rohstoffen, aber auch Arbeitsbedingungen entlang der Lieferkette (vgl. Scholz, 2018a, S. 43).

2. Im zweiten Schritt (Consumer Behaviour) soll das Verbraucherverhalten analysiert und die Ergebnisse sollen mit den Erkenntnissen aus der Situationsanalyse abgeglichen werden.

3. Anschließend wird eine Mission aufgestellt, welche die Visionen und Werte des Unternehmens im Hinblick auf das Thema Nachhaltigkeit beinhaltet (Sustainability Marketing Values and Objectives). Diese Prozessphase wird auch als normatives Green Marketing bezeichnet. Es geht hierbei darum, die eigenen wirtschaftlichen, ökologischen und sozialen Prioritäten zu erörtern (vgl. Pastoors, 2018a, S. 79). Das Unternehmen soll konkret festlegen, wofür und in welchem Maße es Verantwortung für sein Handeln übernehmen möchte (vgl. Scholz, 2018a, S. 44).

4. Im vierten Schritt soll das Unternehmen eine konkrete Strategie auf-stellen (Sustainability Marketing Strategies) und die übergeordnete normative Zielsetzung in kleinere strategische Ziele übertragen (vgl. Scholz, 2018a, S. 43 f.). Es handelt sich somit um das Bindeglied zwischen den normativen Zielvorhaben und den operativen Maßnahmen (vgl. Scholz et al., 2015, S. 136). Dieser Schritt wird auch unter dem Begriff strategisches Green Marketing zusammengefasst. Scholz (2018b, S. 231–233) empfiehlt für die Umsetzung des strategischen Green Marketings den sogenannten STP-Prozess, der als Akronym für Segmenting, Targeting und Positioning steht. Demnach soll der Markt zunächst in Teilmärkte aufgeteilt werden. Anschließend soll die rele-vante Zielgruppe identifiziert werden und letztendlich muss sich das Unternehmen im Sinne der Zielgruppe auf dem Markt positionieren. Unternehmen können hier auf Basis ihrer Konsequenz in der Umsetzung nachhaltiger Werte in drei Entwicklungsstufen unter-schieden werden: Tactical Greening, Quasi-Strategic Activities und Strategic Green Marketing. Beim Tactical Greening finden nur ge-ringe Veränderungen im Rahmen vereinzelter Aktionen statt, wäh-

rend in der zweiten Stufe (Quasi-Strategic Activities) weitergehende Veränderungen durchgeführt werden. Unternehmen, die diese Stufe des Green Marketings befolgen, verankern nachhaltige Werte und kommunizieren diese extern. Sie befinden sich auf einem guten Weg, ein nachhaltig wirtschaftendes Unternehmen zu werden (vgl. Scholz et al., 2015, S. 141). Strategisches Green Marketing befolgt ein Unternehmen dann, wenn es Nachhaltigkeitsaspekte in jedem Funktionsbereich des Unternehmens berücksichtigt (vgl. Scholz, 2018b, S. 233). Diese Unternehmen verfolgen somit einen ganzheitlichen Nachhaltigkeitsansatz (vgl. Scholz et al., 2015, S. 141).

5. Nachdem das Unternehmen somit eine Strategie zur Umsetzung seiner Nachhaltigkeitswerte definiert hat, sollen im fünften Schritt die strategischen Ziele operationalisiert werden (Sustainability Marketing Mix). Hier kommt der Marketingmix zum Einsatz. Dieser integriert verschiedene taktische Tools des Marketings, um eine gewünschte Reaktion auf dem Zielmarkt hervorzurufen (vgl. Kotler et al., 2013, S. 53). Dabei hat sich in der deutschsprachigen Marketingliteratur insbesondere eine Vierer-Systematik durchgesetzt (vgl. Becker, 2009, S. 487), die häufig mit Hilfe der vier Ps (Product, Price, Place und Promotion) von McCarthy definiert wird (vgl. Bruhn, 2018, S. 9). Meffert et al. (2019, S. 20) erweiterten die vier Ps zu: Programm- und Leistungspolitik (Product), Preis und Konditionenpolitik (Price), Distributionspolitik (Place) und Kommunikationspolitik (Promotion). Im Dienstleistungsmarketing werden drei weitere Ps betrachtet (7P-Modell): Personnel/People (Personalpolitik), Physical Facilities/Evidence (Ausstattungspolitik) und Process Management (Prozesspolitik) (vgl. Bruhn et al., 2019, S. 489 f.). Unabhängig von Konsumgütern oder Dienstleistungen wird im Green Marketing das 7P-Modell des Dienstleistungsmarketings empfohlen (vgl. u. a. Scholz, 2018b, S. 236; Köhn-Ladenburger, 2013, S. 67). Physical Evidence wird hier jedoch weniger als Ausstattungspolitik verstanden, sondern vielmehr versteht man unter diesem Aspekt die Notwendigkeit eines transparenten Handelns (vgl. Scholz, 2018b, S. 236).[3]

---

[3] Im weiteren Verlauf des Buches konzentrieren wir uns auf das P für Promotion und somit auf die Kommunikationspolitik von Unternehmen. Die weiteren Aspekte des operativen Marketings bleiben weitestgehend unberücksichtigt.

6. Nachdem die strategischen Ziele operationalisiert und konkrete Maßnahmen zur Umsetzung der Strategie durchgeführt wurden, folgt die sechste Stufe des Green Marketings, die auch unter dem Begriff transformatives Green Marketing (Sustainability Marketing Transformation) bekannt ist. Hier soll sich das Unternehmen die Frage stellen, was es zum gesellschaftlichen Wandel beitragen kann. Dabei geht es um eine langfristige Einbindung von Nachhaltigkeitswerten in die Strukturen und Prozesse des Unternehmens (vgl. Pastoors, 2018b, S. 244). Das transformative Green Marketing hat somit eine nachhaltige Veränderung des Unternehmens zum Ziel (vgl. Pastoors, 2018b, S. 243) mit einem gemeinsamen Bekenntnis aller Stakeholder (vgl. Scholz, 2018a, S. 46).

Der beschriebene Prozess (Abb. 2.3) von Belz und Peattie (2012) ist zwar weit verbreitet, jedoch lassen sich in der Literatur noch weitere Modelle, wie beispielsweise die Prozesse von Oestreicher (2017) oder Grant (2020), finden. Doch auch wenn diese Modelle zum Teil unterschiedliche Schritte

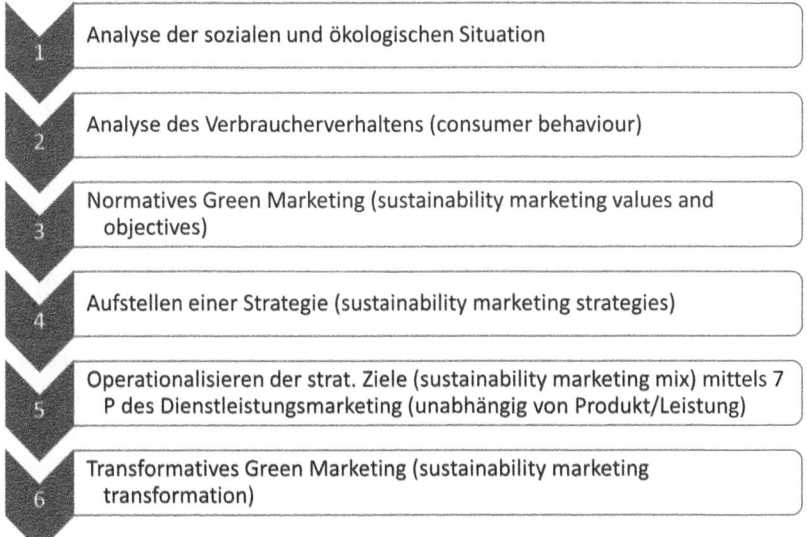

1 Analyse der sozialen und ökologischen Situation

2 Analyse des Verbraucherverhaltens (consumer behaviour)

3 Normatives Green Marketing (sustainability marketing values and objectives)

4 Aufstellen einer Strategie (sustainability marketing strategies)

5 Operationalisieren der strat. Ziele (sustainability marketing mix) mittels 7 P des Dienstleistungsmarketing (unabhängig von Produkt/Leistung)

6 Transformatives Green Marketing (sustainability marketing transformation)

Abb. 2.3 Sechs Schritte des Green-Marketing-Prozesses. (Quelle: Eigene Darstellung in grober Anlehnung an Belz & Peattie, 2012)

definieren, liegt allen Ansätzen ein strategisches Vorgehen, ausgehend von der Definition der Zielsetzung bis hin zur konkreten Umsetzung von Maßnahmen, zugrunde.

2.1.3 Vorteile des Green Marketings

Wenn Green Marketing richtig angewandt wird, kann es Unternehmen viele Vorteile bringen (vgl. Scholz, 2018a, S. 43). Zum einen eröffnen sich durch die steigende Nachfrage nach nachhaltigen Produkten und Services neue gewinnbringende Aussichten für Unternehmen (vgl. Weigand, 2020, S. 50). Hierzu sollte auch erwähnt werden, dass fast die Hälfte der deutschen Bevölkerung dazu bereit ist, mehr Geld für nachhaltig gestaltete Produkte auszugeben (vgl. Accenture, 2019), was sich ebenfalls positiv auf den Gewinn auswirken kann. Des Weiteren kann das Unternehmen mittels Green Marketing Risiken bezogen auf mögliche Skandale, die durch ein nicht nachhaltiges Verhalten hervorgerufen werden (wie beispielsweise bei der Dieselgate-Affäre von Volkswagen), reduzieren (vgl. Weigand, 2017, S. 26). Ebenso kann es dazu beitragen, Mitarbeiter an das Unternehmen zu binden und Bewerber für sich zu gewinnen (vgl. Weigand, 2017, S. 35–38). Dieser Aspekt ist angesichts des vorherrschenden Fachkräftemangels von besonderer Bedeutung. Als weiteren Vorteil definieren Weigand (2020, S. 51 f.) und Grant (2007, S. 32 f.) die Förderung von Innovationen im Zuge des nachhaltigen Denkens. Außerdem ist Weigand (2020, S. 51 f.) der Meinung, dass neben der steigenden Mitarbeiterloyalität auch eine steigende Kundenloyalität mittels Green Marketing erzielt werden kann. Wühle (2019, S. 62) erklärt dies wie folgt: *„Wer Nachhaltigkeitsthemen mit seiner Marke besetzt, verschafft sich damit einen USP und so auch einen Wettbewerbsvorteil. Damit wird Nachhaltigkeit zu einem Erfolgsfaktor für Organisationen aller Art."* Scholz (2018a, S. 43) stimmt dem zu und ist ferner der Ansicht, dass sich Green Marketing positiv auf die Wettbewerbsfähigkeit auswirken kann, indem beispielsweise Produktionskosten reduziert oder ressourcenschonendere Produktionsverfahren angewandt werden.

Neben diesen wettbewerbsbezogenen Vorteilen bringt Green Marketing aber auch ethische Vorteile mit sich. Denn Marketing und Kommunikation können einen Beitrag zum globalen Wandel leisten, indem sie Einfluss auf den Lebensstil und die Einstellungen der Menschen nehmen (vgl. Grant, 2007, S. 32). Manfred Fischedick, wissenschaftlicher Geschäftsführer des Instituts für Klima, Umwelt und Energie, stimmt dieser These in einem Interview mit der Zeitschrift absatzwirtschaft ebenfalls zu (vgl. Mattauch, 2021, S. 28). Herlyn & Radermacher (2014, S. 453) erklären dies wie folgt: *„Marketing […] stellt […] die Brücke zu den Konsumenten, zum Konsumentenverhalten und letztlich auch zur Produktentwicklung dar. Diese Bereiche sind für die Ermöglichung einer nachhaltigen Entwicklung von großer Bedeutung."*

Green Marketing ist demnach ein lohnenswerter Ansatz für Unternehmen.

2.2 Grundzüge der Kommunikationspolitik

In diesem Abschnitt werden die wichtigsten Aspekte der Kommunikationspolitik dargestellt. Hierzu wird der Begriff zunächst definiert und im Marketingmix eingeordnet (Abb. 2.4). Darüber hinaus wird der Planungsprozess der Kommunikationspolitik dargelegt.

2.2.1 Einordnung und Begriffsdefinition

Die Bedeutung der Begriffe Marketing und Kommunikation wird häufig gleichgesetzt (vgl. Köhn-Ladenburger, 2013, S. 78), jedoch wurde in Abschn. 2.1.2 bereits deutlich, dass sich die Kommunikationspolitik hinter dem P für Promotion verbirgt und damit nur einen Teil des gesamten Marketingmix ausmacht.

Kommunikation bedeutet in diesem Zusammenhang das Versenden von verschlüsselten Botschaften, welche beim Empfänger eine bestimmte Wirkung erzielen sollen (vgl. Meffert et al., 2019, S. 633). Bruhn (2008, S. 58 f.) konkretisiert die Definition noch weiter und versteht hierunter alle Kommunikationsinstrumente und -maßnahmen, die sich an interne und externe Zielgruppen richten, mit dem Ziel, das Unternehmen und sein Portfolio darzustellen und/oder mit den Zielgruppen zu interagieren.

Produkt (Programm- und Leistungspolitik)

Price (Preis- und Konditionenpolitik)

Place (Distributionspolitik)

Promotion (Kommunikationspolitik)

Personnel/People (Personalpolitik)

Physical Facilities/Evidence (Ausstattungspolitik, hier: transparentes Handeln)

Process (Prozesspolitik)

Abb. 2.4 Green Marketing Mix. (Quelle: Eigene Darstellung)

Stark (2019, S. 167) ergänzt die bewusste und zwanglose Einflussnahme zur Erreichung operativer und strategischer Marketingziele. Diese Beeinflussungsaspekte hat der Kommunikationsforscher Harold Dwight Lasswell in seiner prominenten Formel: *„Wer sagt was über welchen Kanal zu wem mit welcher Wirkung?"* (Lasswell, 1948, S. 3, zitiert nach Walsh et al., 2020, S. 397) dargelegt (vgl. Walsh et al., 2020, S. 397). Dabei lässt sich die Formel für jede Kommunikationsform anwenden, so auch für die Marketingkommunikation. Diese hat zum Ziel, mittels direkter oder indirekter Maßnahmen sowohl interne als auch externe Kunden über Produkte, Dienstleistungen und Marken zu informieren, sie zu überzeugen und sie an diese zu erinnern (vgl. Kotler et al., 2013, S. 630).

Die Übermittlung der Informationen ist dabei an bestimmte Kommunikationsprozesse gekoppelt (vgl. Bruhn, 2018, S. 5), welche in der Kommunikationspolitik definiert werden (vgl. Homburg, 2020, S. 221). Bruhn (2018, S. 3) ergänzt, dass die Informationsübertragung mittels zielgerichteter Entscheidungen erfolgt. Kuß & Kleinaltenkamp (2020, S. 209) verstehen unter der Kommunikationspolitik ebenfalls die Entscheidungen und Handlungen, die entlang der Informationsübermittlung zur Erreichung und Beeinflussung der Zielgruppen getroffen werden. Thommen et al. (2020, S. 132) ergänzen, dass hierbei sowohl Informationen über Produkte/Services als auch Informationen über das Unternehmen kommuniziert werden. Die Definition von Meffert et al., (2019, S. 633) verdeutlicht die verschiedenen Entscheidungsbereiche der Kommunikationspolitik. Demnach umfasst diese „[…] *die systematische Planung, Ausgestaltung, Abstimmung und Kontrolle aller Kommunikationsmaßnahmen des Unternehmens im Hinblick auf alle relevanten Zielgruppen, um die Kommunikationsziele und damit die nachgelagerten Marketing- und Unternehmensziele zu erreichen.*" Die Kommunikationspolitik hat somit zum Ziel, dass Kunden die am Markt angebotenen Leistungen wahrnehmen, positiv beurteilen und daraufhin erwerben (vgl. Walsh et al., 2020, S. 396).

Die Rolle der Kommunikationspolitik wird dabei zunehmend relevanter, da es kaum noch Möglichkeiten für Produktinnovationen gibt und daher Wettbewerbsvorteile oftmals nur noch durch Kommunikation erreicht werden können (vgl. Kuß & Kleinaltenkamp, 2020, S. 211; Bruhn, 2018, S. 15–17). Demzufolge wird immer häufiger von einem Kommunikationswettbewerb anstelle eines Produktwettbewerbs gesprochen (vgl. Homburg, 2020, S. 220). Die Kommunikation wird somit zu einem strategischen Erfolgsfaktor für Unternehmen (vgl. Bruhn, 2018, S. 17). Denn sie kann nicht nur Einfluss auf das Image und die Reputation eines Unternehmens nehmen, sondern auch auf das Einkommen und die Wirtschaftlichkeit einwirken (vgl. Hillmann, 2017, S. 18). Kuß & Kleinaltenkamp (2020, S. 211) ergänzen folgende weitere Gründe, warum die Kommunikation an Bedeutung gewinnt: Die schnelle Entwicklung von Technik und Märkten erfordert oftmals kurzfristige Kommunikation, durch weniger Verkaufspersonal steigt die Relevanz von nicht-persönlicher Kommunikation und im B2B-Bereich wird nicht-persönliche Kommunikation vermehrt als Vorbereitung für die persönliche Kommunikation eingesetzt.

Die derzeitige Gesellschaft ist jedoch von einer hohen Informationsflut und -dichte geprägt, weshalb die Kommunikationspolitik hohen Anforderungen gerecht werden muss (vgl. Meffert et al., 2019, S. 633). Meffert et al. empfehlen daher einen Entscheidungsprozess, um dem zunehmenden Kommunikationswettbewerb gerecht zu werden und die

Kommunikationspolitik zielgerichtet zu gestalten. Bruhn (2018, S. 57) ist ebenfalls der Meinung, dass es einer professionellen und systematischen Herangehensweise bedarf, jedoch auch eines gewissen Maßes an Improvisation, um die Zielgruppen zu erreichen. Diese systematische und professionelle Herangehensweise kann mittels eines Planungsprozesses erfolgen (vgl. Homburg, 2020, S. 221). Hierbei gibt es verschiedene Herangehensweisen, die sich nur unwesentlich unterscheiden. So werden einige Schritte zusammengefasst oder weiter ausgeführt. Alle Ansätze haben jedoch gemein, dass ihnen ein systematischer Planungsprozess, ausgehend von den Zielen, über die Auswahl der Instrumente, bis hin zur Auswertung des Kommunikationserfolgs, zugrunde liegt. Das Modell von Bruhn (2018) stellt die einzelnen Entscheidungsschritte anschaulich dar, weshalb es im weiteren Verlauf des Buches beispielhaft für die Ausgestaltung der Kommunikationspolitik genutzt wird.

2.2.2 Planungsprozess der Kommunikationspolitik

Ein idealtypischer Ablauf des Planungsprozesses der Kommunikationspolitik sieht folgenden Ablauf vor (vgl. Bruhn, 2018, S. 41–42):

1. Der Prozess der Kommunikationspolitik beginnt zunächst mit einer Situationsanalyse (vgl. Bruhn, 2018, S. 41). Hierbei sollten die Perspektiven der verschiedenen Anspruchsgruppen (Kunden, Öffentlichkeit etc.) eingenommen und Einflussfaktoren auf die Kommunikation identifiziert werden (vgl. Bruhn, 2018, S. 61).
2. Hieraus lassen sich ferner die kommunikativen Problemstellungen des Unternehmens und damit die Ziele für die Kommunikation ableiten (vgl. Bruhn, 2018, S. 41). Diese dienen nicht nur der Erfolgsmessung, sondern mit Hilfe der Zieldefinierung kann auch eine effiziente Auswahl der Instrumente erfolgen (vgl. Bruhn, 2018, S. 61 f.). Nach Kuß & Kleinaltenkamp (2020, S. 210) sind Bekanntheitsgrad, Image-Aufbau/Profilierung, Verhaltensbeeinflussung sowie Bestätigung des Kaufverhalten die wichtigsten Ziele der Kommunikation im Marketing. Meffert et al. (2019, S. 635) betonen ebenfalls, dass sich die Kommunikationsziele an psychografischen Zielen orientieren sollten.

3. Im Anschluss daran sollten die Zielgruppen definiert und beschrieben werden (vgl. Bruhn, 2018, S. 41). Dabei ist es nicht nur wichtig, die Frage zu beantworten, welche Gruppen angesprochen werden, sondern auch, welche Anforderungen diese an die Kommunikation des Unternehmens haben (vgl. Bruhn, 2018, S. 63 f.).

4. Nachdem die Zielgruppen bestimmt wurden, sollen die Schwerpunkte der Kommunikationsaktivitäten in der Kommunikationsstrategie festgelegt werden (vgl. Bruhn, 2018, S. 41). Die Strategie ist „*[…] ein mittel- bis langfristig angelegter Verhaltensplan, der den Einsatz der Kommunikationsinstrumente und die Gestaltung der Kommunikationsbotschaft bestimmt.*" (Meffert et al., 2019, S. 637). Ahlert et al. (2020, S. 316) ergänzen, dass es sich um ein Maßnahmenbündel handelt, welches eingesetzt wird, um einen bestimmten Sollzustand zu erreichen.

5. Auf Basis der Strategie kann im nächsten Schritt das Kommunikationsbudget bestimmt werden (vgl. Bruhn, 2018, S. 41).

6. Anschließend werden im Rahmen der operativen Kommunikation die einzelnen Kommunikationsinstrumente und -maßnahmen bestimmt (vgl. Bruhn, 2018, S. 41). Zu den Kommunikationsmaßnahmen zählen sämtliche Aktivitäten zur Erfüllung kommunikativer Ziele (vgl. Bruhn, 2008, S. 63 f.). Diese Aktivitäten können dabei marktgerichtet (extern), innerbetrieblich (intern) oder interaktiv (zwischen Mitarbeiter und Kunden) sein (vgl. Bruhn, 2018, S. 3). Die Bündelung von ähnlichen Kommunikationsmaßnahmen wird als Kommunikationsinstrument bezeichnet (vgl. Steffenhagen, 2008, S. 131). Bruhn (2018, S. 328) unterscheidet zwischen folgenden Instrumenten: Mediawerbung, Verkaufsförderung, Direct Marketing, Sponsoring, Social-Media-Kommunikation, persönliche Kommunikation, Messen und Ausstellungen, Event-Marketing, Public Relations (Öffentlichkeitsarbeit), Mitarbeiterkommunikation.

Kuß & Kleinaltenkamp (2020, S. 207) zählen die persönliche Kommunikation nicht zum Bestandteil der Kommunikationspolitik und unterteilen daher die Instrumente ausschließlich in Werbung, Verkaufsförderung und Öffentlichkeitsarbeit (PR). Walsh et al. (2020,

S. 401) erweitern die klassischen Kommunikationsinstrumente um das Instrument Online-Kommunikation. Hierunter fallen Instrumente wie Social Media, Suchmaschinenmarketing, Webseiten etc., also sämtliche Instrumente, die das Internet direkt oder indirekt nutzen (vgl. Walsh et al., 2020, S. 401). Der kombinierte Einsatz der einzelnen Kommunikationsinstrumente wird unter dem Begriff Kommunikationsmix zusammengefasst (vgl. Bruhn, 2018, S. 8). Entscheidend ist hierbei allerdings, dass aus den verschiedenen internen und externen Kommunikationsquellen ein einheitliches und widerspruchfreies Kommunikationskonzept erstellt wird und somit die Instrumente integriert werden (vgl. Bruhn, 2018, S. 60). So soll den Zielgruppen ein stimmiges und konsistentes Gesamterscheinungsbild übermittelt werden (vgl. Meffert et al., 2019, S. 636). Nach Bell & Teheri (2017, S. 1) ist die Auswahl eines optimalen Promotions-Mix einer der wichtigsten Aspekte des operativen Marketings zur Erreichung der Marketingziele.

Neben der Auswahl der Kommunikationsinstrumente und -maßnahmen, wird im Rahmen der operativen Kommunikation auch die Kommunikationsbotschaft bestimmt (vgl. Bruhn, 2018, S. 327). Die Kommunikationsbotschaft ist eine durch Modalitäten verschlüsselte Aussage mit dem Ziel, eine gewünschte Wirkung beim Rezipienten zu erzielen (vgl. Bruhn, 2008, S. 60). Die Botschaft kann entweder informativ (sachlich, funktional) und/oder emotional oder aktualisierend sein (vgl. Kroeber-Riel & Esch, 2015, S. 91–93). Letzteres ist insbesondere für Low-Involvement-Produkte relevant (vgl. Kroeber-Riel & Esch, 2015, S. 92). Hier geht es darum, die Marke durch auffällige Inszenierungen ins Gespräch zu bringen (vgl. Kroeber-Riel & Esch, 2015, S. 132). Bei der emotionalen Botschaft soll hingegen mit dem Produkt/Service ein Erlebnis vermittelt werden (vgl. Kroeber-Riel & Esch, 2015, S. 111). Das ist vor allem für Leistungen auf gesättigten Märkten relevant. Bei einer informativen Botschaft geht es hingegen um die sachliche und funktionale Darstellung von Produkteigenschaften, die die Befriedigung der Kundenbedürfnisse verdeutlichen (vgl. Kroeber-Riel & Esch, 2015, S. 111).

7. Nachdem die Instrumente und Maßnahmen umgesetzt wurden, erfolgt eine kommunikative Erfolgskontrolle. Hierfür lässt sich eine Vielzahl unterschiedlicher quantitativer und qualitativer Verfahren einsetzen (vgl. Meffert et al., 2019, S. 829).

Bei dem in Abb. 2.5 dargestellten Planungsprozess ist es jedoch entscheidend, dass alle Schritte mit den übrigen Entscheidungen im Marketingmix abgestimmt werden (vgl. Bruhn, 2018, S. 41). Bruhn (2018, S. 58) empfiehlt darüber hinaus, diesen Planungsprozess sowohl auf der Gesamtkommunikationsebene als auch auf Ebene der einzelnen Kommunikationsinstrumente durchzuführen. Im weiteren Verlauf fokussieren wir uns ausschließlich auf die Gesamtkommunikationsebene.

Es wurde deutlich, dass verschiedene Aspekte in der Kommunikationspolitik von Unternehmen eine Rolle spielen. Durch veränderte Kundenanforderungen, neue Kanäle etc. ist die Kommunikationspolitik zudem fortlaufend im Wandel, sodass sie immer wieder angepasst werden muss. Ein Beispiel dafür ist die gestiegene Kundenerwartung, dass Unternehmen sich verantwortungsvoll verhalten, was dazu führt, dass sich die relevanten Kommunikationsinhalte für das Marketing erweitern (vgl. Walsh et al., 2020, S. 398). Welche Besonderheiten hierbei eine Rolle spielen, wird in Abschn. 2.3 dargelegt.

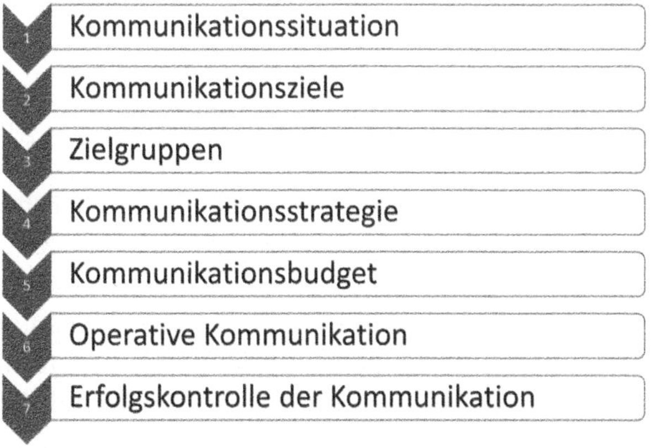

| Kommunikationssituation |
| Kommunikationsziele |
| Zielgruppen |
| Kommunikationsstrategie |
| Kommunikationsbudget |
| Operative Kommunikation |
| Erfolgskontrolle der Kommunikation |

Abb. 2.5 Planungsprozess der Kommunikationspolitik im Green Marketing. (Quelle: Eigene Darstellung)

2.3 Erkenntnisse zur Green-Marketing-Kommunikation

Innerhalb der Green-Marketing-Literatur wird die Kommunikation bislang nicht umfassend berücksichtigt. Daher wird im Folgenden eine Übersicht der bisherigen Erkenntnisse zur grünen Kommunikation gegeben und Erkenntnisse zur Nachhaltigkeitskommunikation sowie CSR-Kommunikation werden hinzugezogen. Auch wenn es sich hierbei nicht um explizite Green-Marketing-Kommunikation handelt, können diese dennoch wichtige Erkenntnisse liefern.

2.3.1 Vorgehensweise und Zielsetzung

Wie bereits in Kap. 1 deutlich wurde, nimmt die Kommunikation im Rahmen des Green Marketings eine entscheidende Rolle ein. Weigand (2017, S. 52) empfiehlt daher, sowohl die Umsetzung des Green Marketings als auch dessen Kommunikation stets im Blick zu behalten.

Letzteres repräsentiert „[…] *die Green-Marketing-Strategie des Unternehmens als Ganzes, macht diese verständlich, aber auch transparent. Und sie richtet sich nicht nur an Kunden, sondern ebenso an die Öffentlichkeit, an Partner und Lieferanten, an Bewerber und Mitbewerber.*" (Weigand, 2017, S. 200): Denn die grüne Kommunikation agiert übergeordnet und verbindet die Kommunikation der Bereiche Unternehmenskommunikation, Marketing und Corporate Design (vgl. Pittner, 2014, S. 14) und richtet sich somit an sämtliche Anspruchsgruppen. Sie nimmt eine ganzheitliche Haltung ein und stellt die nachhaltigen Themen in den Fokus (vgl. Weigand, 2017, S. 200). Dennoch liegen ihr die gleichen Grundregeln wie jeder anderen Kommunikation zugrunde (vgl. Weigand, 2017, S. 220).

Das wesentliche Ziel sollte hierbei sein, die grüne Kommunikation mit der klassischen Marketingkommunikation zu vereinen, auch wenn sich die Zielsetzungen dieser beiden Kommunikationsformen unterscheiden (vgl. Weigand, 2017, S. 200 f.). Denn während die klassische Marketingkommunikation den Absatz fördern möchte, zielt die grüne Kommunikation im Wesentlichen auf die grüne Reputation des Unternehmens ab (vgl. Weigand, 2017, S. 200). Ottman (2011: S. 46) stellt die beiden Kommunikationsformen wie in Tab. 2.1 dargestellt gegenüber. Aus der CSR-Kommunikation ist bereits bekannt, dass dieses Vereinbaren notwendig ist, um Vertrauen bei den verschiedenen Anspruchsgruppen zu gewinnen und das unternehmerische Verhalten zu legitimieren (vgl. Heinrich & Schmidpeter, 2018, S. 2).

Die Kommunikation soll darüber hinaus sowohl professionell gesteuert als auch langfristig sein. Zur konkreten Umsetzung empfiehlt Ottman (2011) eine eigene Kommunikationsstrategie. Demnach sollte auch hier zunächst eine Situationsanalyse erfolgen, aus der mögliche Herausforderungen abgeleitet werden können (vgl. Ottman, 2011, S. 108). Wie in Abschn. 2.2.2 bereits aufgezeigt wurde, können hierauf aufbauend Kommunikationsziele sowie konkrete Maßnahmen zur Umsetzung der Ziele entwickelt werden. Weigand (2017, S. 221) führt in diesem Zusammenhang aus, dass die Ziele der klassischen Kommunikation anhand der Green-Marketing-Strategie neu definiert werden müssen. Die Ziele können beispielsweise Imageverbesserung oder Bekanntmachung sein (vgl. Köhn-Ladenburger, 2013, S. 78).

2.3.2 Zielgruppen

Neben den Erkenntnissen zu der Vorgehensweise und den Zielen gibt es auch bereits Studienergebnisse zu den Zielgruppen für die grüne Kommunikation. So betont Weigand (2020, S. 50), dass im Gegensatz zu

Tab. 2.1 Klassische und Green-Marketing-Kommunikation. (Quelle: Ottman, 2011, S. 46)

	Konventionelles Marketing	Green Marketing
Kommunikationsschwerpunkte	Produktvorteile Verkauf Einwegkommunikation Bezahlte Werbung	Werte Aufklärung und Unterstützung Aufbau von Communities Mund-zu-Mund-Propaganda

früher das Thema Nachhaltigkeit heute für die breite Masse von Relevanz ist. Denn immer mehr Menschen streben einen gesunden und nachhaltigen Lebensstil an (vgl. Scholz, 2018c, S. 257). Somit berührt Nachhaltigkeit alle Konsumentenmilieus (vgl. Helmke et al., 2016, S. 5). Für Unternehmen ist es im Zuge des Green Marketings daher von großer Bedeutung, sich mit den Wertvorstellungen der Kunden auseinanderzusetzen und mit dem eigenen Leitbild zu vergleichen (vgl. Pastoors, 2018a, S. 83 f.).

Eine entscheidende Zielgruppe in diesem Zusammenhang ist die Gruppe der sogenannten LOHAS. LOHAS ist ein Akronym für Lifestyles Of Health And Sustainability (vgl. Scholz, 2018c, S. 257). Hierunter werden Menschen zusammengefasst, deren Lebensstil von Nachhaltigkeit und Gesundheit geprägt ist (vgl. Pastoors, 2018a, S. 84). Im Grunde handelt es sich jedoch nicht um einen einzigen Lebensstil, sondern um die Integration mehrerer Einstellungen und Verhaltensweisen von Konsumenten (vgl. Helmke et al., 2016, S. 1). Heiler et al. (2008, S. 89) führen diesen Aspekt noch weiter aus und betonen, dass die LOHAS eine zielgruppenübergreifende Konsumentenklasse bilden, die Aspekte der Umwelt, Nachhaltigkeit, Gerechtigkeit, Gesundheit und Genuss in ihrem Konsumverhalten berücksichtigt, jedoch für eine genaue Bearbeitung weiter differenziert werden muss. Die einzelnen Mitglieder der LOHAS kommen aus allen sozialen Schichten und Altersgruppen (vgl. Scholz, 2018c, S. 257). Sie wollen aktiv zu nachhaltigen Veränderungsprozessen beitragen, jedoch gleichzeitig das eigene Leben genießen (vgl. Scholz, 2018c, S. 259). Der Fokus liegt dabei nicht auf dem Verzicht, sondern auf dem wohlüberlegten Genießen. Dabei spielt der Faktor Geld keine erhebliche Rolle (vgl. Riedel, 2013). Die LOHAS werden daher auch häufig als Premiumzielgruppe beschrieben, die eine große Kaufkraft und Kaufbereitschaft aufweist (vgl. Köhn-Ladenburger, 2013, S. 1 f.). Letzteres macht sie sehr relevant für die Wirtschaft. Neben nachhaltigen Aspekten sind ihnen Ästhetik und Lifestyle wichtig (vgl. Helmke et al., 2016, S. 5).

Die einzelnen Merkmale der LOHAS fasst Scholz wie in Tab. 2.2 dargestellt zusammen.

Es fallen somit viele unterschiedliche Menschen in diese Zielgruppe, weshalb die Definition der LOHAS allein nicht ausreicht, um ziel-

Tab. 2.2 Merkmale der LOHAS. (Quelle: Eigene Darstellung in Anlehnung an Scholz, 2018c, S. 260)

Werte	Ziele	Eigenschaften
Authentizität, Ehrlichkeit, Natürlichkeit, Verantwortung, Engagement, Aktivismus, Ganzheitlichkeit, Harmonie, Autonomie	Faire Gesellschaft, Gerechtigkeit, gesunde Umwelt, Selbstverwirklichung, Mitwirkung, Gemeinschaft, Körper, Geist und Seele im Einklang, persönliche Weiterentwicklung	Kritisch, prüfend, hinterfragend, sozial, neugierig, kreativ, selbstbewusst, anspruchsvoll, harmonisch, ganzheitlich, idealistisch

gerichtetes Marketing zu betreiben (vgl. Glöckner et al., 2010, S. 36). Insbesondere in den demografischen Merkmalen unterscheiden sich die Mitglieder der LOHAS deutlich (vgl. Köhn-Ladenburger, 2013, S. 21). Demnach sollte zusätzlich eine Einordnung der Zielgruppe in Sinus-Milieus[4] erfolgen (vgl. Glöckner et al., 2010, S. 36). Nach Köhn-Ladenburger (2013, S. 14 f.) setzen sich die LOHAS insbesondere aus folgenden Milieus zusammen: liberal-intellektuelles Milieu, sozioökologisches Milieu, Milieu der Performer, adaptiv-pragmatisches Milieu, expeditives Milieu sowie kleine Teile der bürgerlichen Mitte. Es handelt sich demnach um sozial gehobene Milieus sowie Milieus der Mitte (vgl. Flaig & Barth, 2017, S. 16 f.). Die Zusammensetzung der einzelnen Milieus wird an dieser Stelle nicht weiter betrachtet, da es vielmehr darum geht, ein grundsätzliches Verständnis über die möglichen Zielgruppen zu erhalten.

2.3.3 Operative Kommunikation

Für die operative Umsetzung der Green-Marketing-Kommunikation lassen sich ebenfalls bereits einige Erkenntnisse finden. So wird nach Sichtung der Literatur deutlich, dass die Basis der Green-Marketing-Kommunikation eine transparente Darstellung der Unternehmens-

---

[4] Unter dem Namen Sinus-Milieu verbirgt sich ein vom SINUS-Institut entwickeltes Instrument, das Zielgruppen anhand ihrer Lebenswelten segmentiert (vgl. Flaig & Barth, 2017, S. 3).

aktivitäten in den Bereichen Nachhaltigkeit, gesellschaftliches Engagement und Umweltschutz bilden sollte (vgl. Köhn-Ladenburger, 2013, S. 137). Aufgrund dessen ist es wichtig, transparent zu zeigen, woher mögliche Vorprodukte stammen oder unter welchen Bedingungen Produkte erstellt werden (vgl. Scholz, 2018a, S. 46). Oestreicher (2017: S. 233) betont weiter, dass im Rahmen des Green Marketings Unternehmen als Ganzes zum Kommunikationsobjekt werden und somit eine transparente Kommunikation über die gesamte Wertschöpfungskette erfolgen sollte. Belz & Peattie (2012, S. 202 f.) ergänzen, dass es bei der Nachhaltigkeitskommunikation vor allem darum geht, das Unternehmen hinter dem eigentlichen Produkt/Service vorzustellen, aber auch darum, die Nachhaltigkeitslösungen der Unternehmensprodukte zu kommunizieren. Außerdem ist es wichtig, dass die Kommunikation vor allem von Offenheit, Dialog, Glaubwürdigkeit und Authentizität geprägt ist (vgl. Belz & Peattie, 2012, S. 223). Denn wie zu Beginn deutlich wurde, ist Green Marketing nur erfolgreich, wenn die Kommunikation gelingt (vgl. Weigand, 2017, S. 29 f.). Die Überwindung der Informationsasymmetrien ist somit die zentrale Herausforderung des Green Marketings in der Zukunft 4.0[5] (vgl. Grimm & Malschinger, 2021, S. 45). Referenzsysteme oder Belegungen in Form von Labels oder Zertifizierungen durch unabhängige Dritte können diesbezüglich für Glaubwürdigkeit der getroffenen Aussagen sorgen (vgl. Scholz, 2018b, S. 238; Emery, 2012, S. 232–236). Denn diese klären Kunden und Stakeholder darüber auf, wie sozial- und umweltverträglich das jeweilige Produkt ist (vgl. Weber, 2019, S. 480).

Außerdem verweist Ottman (2011, S. 112) darauf, dass Kunden nicht aus Barmherzigkeit Produkte kaufen, sondern zur Befriedigung ihrer Bedürfnisse. Daher sollten auch im Rahmen der Green-Marketing-Kommunikation die primären Leistungsvorteile hervorgehoben werden (vgl. Ottman, 2011, S. 112 f.). Hierzu eignen sich besonders emotionalgeladene Ansprachen sowie aussagekräftige Illustrationen und Statistiken (vgl. Ottman, 2011, S. 115). In diesem Kontext trifft man auch verein-

---

[5] Unter Zukunft 4.0 oder auch Industrie 4.0 versteht man ein Zukunftsprojekt von der deutschen Bundesregierung, das deutsche Industrien während des Prozesses der vierten industriellen Revolution unterstützen soll (vgl. Bundesministerium für Bildung und Forschung, 2016)

zelt auf den Begriff Ecotainment, der eine emotionale Kommunikations-
form zur Vermittlung nachhaltiger Botschaften beschreibt (vgl. Pittner,
2014, S. 77). Entscheidend ist außerdem, keine negativen und pessimis-
tischen Aussagen zu verbreiten, da dies dazu führt, dass die Menschen zu
Unbeteiligten werden (vgl. Emery, 2012, S. 220). Dasselbe gilt für die
Verbreitung von Angst und das Auslösen von Schuldgefühlen (vgl.
Emery, 2012, S. 220 f.). Belz & Peattie (2012, S. 202) sehen in diesem
Aspekt die wesentliche Herausforderung der Green-Marketing-
Kommunikation. Um die breite Masse für Nachhaltigkeitsthemen zu
gewinnen, ist es demnach entscheidend, Hoffnung und Optimismus zu
verbreiten (vgl. Emery, 2012, S. 220). Daher gewinnen rationale Appelle
zunehmend an Bedeutung, wenngleich diese nicht überladen sein dürfen
und keine Verhaltensvorschreibungen enthalten sollten (vgl. Emery,
2012, S. 221). Darüber hinaus sollten Marketer Nachhaltigkeitsthemen
verständlicher machen und dem Kunden näherbringen, indem sie es für
sie persönlich relevant machen (vgl. Emery, 2012, S. 229). Severin (2007,
S. 65) führt in diesem Zusammenhang aus, dass es vor allem darum geht,
die inhaltliche Komplexität so zu reduzieren, dass der wesentliche Inhalt
erhalten bleibt.

Weigand (2017, S. 206) empfiehlt darüber hinaus einen eigenen
Kommunikationsmix für die Green-Marketing-Kommunikation. Hierzu
gibt es bereits einige Erkenntnisse, welche Instrumente sich besonders
eignen. Zum einen haben Szabo & Webster (2020, S. 7) in einer qualitativen Studie[6] bereits herausgefunden, dass insbesondere die sozialen Medien sowie narrative Erzählungen in der Green-Marketing-
Kommunikation von großer Bedeutung sind. E-Mail-Marketing und
Print wurden ebenfalls von einigen Unternehmen als relevant bezeichnet,
ebenso wie Blogs und Podcasts (vgl. Szabo & Webster, 2020, S. 7). Des
Weiteren sind für die Studienteilnehmer eigene Nachhaltigkeitsaktionen
oder auch die Teilnahme an Veranstaltungen von Relevanz (vgl. Szabo &
Webster, 2020, S. 7). Weitere Autoren ergänzen, dass eine dialogorientierte Kommunikation im Rahmen des Green Marketings von gro-

---

[6] Insgesamt wurden 17 Unternehmen befragt (acht Consumer Product Companys mit umwelt-
orientierten Claims und neun Consulting-Firmen, die grüne Programme oder Kampagnen für
Kunden entwerfen).

ßer Bedeutung ist (vgl. u. a. Weigand, 2020, S. 65; Oestreicher, 2017, S. 232; Ottman, 2011, S. 123). Scholz (2018a, S. 47) stimmt dem zu und empfiehlt einen interaktiven Austausch mit dem Kunden. Es sei wichtig, Vertrauen zu den genannten Anspruchsgruppen aufzubauen. Dies kann mittels persönlicher Ansprache, guter Erreichbarkeit und des eben erwähnten ehrlichen Austauschs erfolgen (vgl. Scholz, 2018b, S. 239). Das resultierende Feedback aus den Dialogen liefert zudem wertvolle Informationen über die Akzeptanz der Aktivitäten (vgl. Heinrich & Schmidpeter, 2018, S. 4).

Scholz (2018a; S. 46) ist ferner der Meinung, dass die sozialen Medien eine zentrale Rolle bei der Green-Marketing-Kommunikation einnehmen. Inbesondere auch vor dem Hintergrund der nachhaltigen Zielgruppe LOHAS, die hauptsächlich Werbung über das Internet konsumiert, haben die sozialen Kanäle eine große Bedeutung erhalten (vgl. Scholz, 2018a, S. 47). Haller-Mangold & Schaltegger (2014, S. 36) führen in diesem Zusammenhang aus, dass soziale Medien zur Förderung der sozialen und ökologischen Wahrnehmung einer Unternehmensmarke beitragen und darüber hinaus Informationsasymmetrien überwinden können.

Allerdings kommen verschiedene Menschen bei objektiv gleicher Reizaufnahme zu unterschiedlichen Wahrnehmungen und folglich erleben und fühlen sie unterschiedliche Wirklichkeiten, weil ihre Werte unterschiedlich sind. Wer ganz auf Ökologie setzt, wird dem Thema gegenüber aufgeschlossener sein und umgekehrt (vgl. Bauer & Müßle, 2020, S. 21 f.; Kroeber-Riel & Gröppel-Klein, 2013, S. 652).

Gebhard & Kleene (2014, S. 250 f.) betonen jedoch, dass folgende Faktoren entscheidend für eine gelunge Nachhaltigkeitskommunikation in Social Media sind: Glaubwürdigkeit, Authentizität, Dialogbereitschaft, Transparenz und Kontinuität.

Oestreicher (2017, S. 232 f.) nennt neben Social Media noch Event-Marketing und Grassroot-Marketing, im Sinne von Empfehlungsmarketing, als meistgenutzte Instrumente im Green Marketing. Ottman (2011, S. 123) empfiehlt des Weiteren gehaltvolles Storytelling, Sponsoring, Informationen auf Websites sowie Cause-Related Marketing. Insbesondere das Storytelling eignet sich laut Schlindwein & Ternès (2019, S. 509), um in der eben angesprochenen Informationsflut wahrgenommen zu werden. Darüber hinaus erleichtert Storytelling die Kommunikation von Werten und Emotionen (vgl. Schlindwein & Ternès, 2019, S. 509). Oestreicher (2017, S. 232) betont ebenfalls, dass Geschichten, Bilder und Emotionen die Nachhaltigkeitskommunikation unterstützen.

Public Relations (PR) ist nach Henrich & Schmidtpeter (2018, S. 10) ebenso ein wichtiges Instrument, um nachhaltige Themen zu transportieren.

Doch nicht nur die externe Kommunikation spielt beim Green Marketing eine große Rolle. Auch die interne Kommunikation darf nicht in Vergessenheit geraten. Unternehmen sollten daher über sämtliche Mitarbeiteraktivitäten berichten, die zur Umsetzung des Themas Nachhaltigkeit beitragen (vgl. Scholz, 2018b, S. 237). Dies kann mittels einer Mitarbeiterzeitung oder auch über Social-Media-Kanäle geschehen.

Wichtig ist zudem, dass Unternehmen über unterschiedliche und aufeinander abgestimmte Kanäle kommunzieren (vgl. Scholz, 2018a, S. 46). Die Kanäle sollten hierzu inhaltlich, gestalterisch und redaktionell miteinander verknüpft sein und es sollten alle Aspekte des Green Marketings bei der Kommunikation berücksichtigt werden. Dies ist insbesondere bei einer dialogorientierten Kommunikation, wie das beim Green Marketing der Fall ist, entscheidend, um Glaubwürdigkeit zu unterstreichen (vgl. Brugger, 2010, S. 83 f.). Belz & Peattie (2012, S. 212) erläutern, dass für das Green Marketing grundsätzlich alle Instrumente zur Verügung stehen, die auch beim konventionellen Marketing genutzt werden, jedoch sei die Wirkung eine andere (vgl. Belz & Peattie, 2012, S. 204). Sie betonen aber in diesem Zusammenhang, dass es nicht das eine erfolgversprechende Instrument gibt. Es geht vielmehr darum, Synergien zwischen den einzelnen Instrumenten zu schaffen (vgl. Belz & Peattie, 2012, S. 212).

Oestreicher (2017: S. 232) stellt darüber hinaus folgende Regeln für die Green-Marketing-Kommunikation auf:

1. Nachhaltigkeitsaussagen müssen nachgewiesen werden können.
2. Nicht nur Erfolge, sondern auch Misserfolge kommunizieren.
3. Keine irreführenden Aussagen verwenden.

4. Kanäle wie Social Media und Mund-zu-Mund-Propaganda nutzen sowie auf energieintensive Kanäle wie Print und TV verzichten.
5. Werbeartikel hinsichtlich ihrer eigenen Nachhaltigkeit hinterfragen.

Es lassen sich somit bisher die in Tab. 2.3 genannten Erkenntnisse zur Green-Marketing-Kommunikation festhalten.

Tab. 2.3 Erkenntnisse zur Green-Marketing-Kommunikationspolitik I. (Quelle: Eigene Darstellung)

Teilentscheidung in der Kommunikationspolitk	Erkenntnisse zur grünen Kommunikation
Kommunikationssituation	/
Kommunikationsziele	Ziele müssen im Rahmen des Green Marektings neu definiert werden (Fokus weniger auf Verkauf, sondern eher auf Image, Bekanntmachung, grüne Reputation und Aufklärung)
Kommunikationszielgruppen	Nachhaltigkeit für alle relevant, jedoch Fokus insbesondere auf nachhaltige Zielgruppen, wie z. B. LOHAS oder bestimmte Sinus-Milieus
Kommunikationsstrategie	Vereinbarung von klassischer und grüner Kommunikation, starker Nachhaltigkeitsfokus, integrierte Kommunikation
Kommunikationsbudget	/
Operative Kommunikation	crossmedialer Kommunikationsmix, transparente Darstellung des Unternehmens und der Wertschöpfungskette, Fokus auf Werte und Aufklärung, Nutzung von Belegen, emotionale und rationale Ansprache, Dialogorientierung, Hoffnung statt Schuldgefühle, Leistungsvorteile nicht vernachlässigen und Komplexität reduzieren
Kommunikative Erfolgsmessung	/

Literatur

Accenture. (2019). Accenture Umfrage: Fast die Hälfte der deutschen Verbraucher würde für nachhaltig gestaltete Produkte tiefer in die Tasche greifen. https://newsroom.accenture.de/de/news/accenture-umfrage-fast-die-hälfte-der-deutschen-verbraucher-würde-für-nachhaltig-gestaltete-produkte-tiefer-in-die-tasche-greifen.htm. Zugegriffen am 06.08.2021.

Ahlert, D., Kenning, P., & Brock, C. (2020). *Handelsmarketing – Grundlagen der marktorientierten Führung von Handelsbetrieben* (3. Aufl.). Springer Gabler.

American Marketing Association. (2017). Definitions of marketing. https://www.ama.org/the-definition-of-marketing-what-is-marketing/. Zugegriffen am 06.08.2021.

Bauer, M. J., & Müßle, T. (2020). *Psychologie der digitalen Kommunikation.* utzverlag.

Becker, J. (2009). *Marketing-Konzeption – Grundlagen des ziel-strategischen und operativen Marketing-Managements* (9. Aufl.). Vahlen.

Bell, G., & Taheri, B. (2017). *Marketing communications. An advertising, promotion and branding perspective* (The global management series). Goodfellow Publishers Ltd.

Belz, F.-M., & Peattie, K. (2012). *Sustainability marketing – A global perspective* (2. Aufl.). Wiley.

Brugger, F. (2010). *Nachhaltigkeit in der Unternehmenskommunikation: Bedeutung, Charakteristika und Herausforderungen.* Springer Gabler.

Bruhn, M. (2008). *Lexikon der Kommunikationspolitik – Begriffe und Konzepte des Kommunikationsmanagements.* Vahlen.

Bruhn, M. (2018). *Kommunikationspolitik: Systematischer Einsatz der Kommunikation für Unternehmen* (9. Aufl.). Vahlen.

Bruhn, M., Meffert, H., & Hadwich, K. (2019). *Handbuch Dienstleistungsmarketing: Planung – Umsetzung – Kontrolle* (2. Aufl.). Springer Gabler.

Bundesministerium für Bildung und Forschung. (2016). Industrie 4.0. https://www.bmbf.de/de/zukunftsprojekt-industrie-4-0-848.html. Zugegriffen am 06.08.2021.

Carlowitz, H. C. A. von, & Irmer, K. [Bearb.] (2000). *Sylvicultura oeconomica: Anweisung zur wilden Baum-Zucht.* Reprint der Ausgabe Leipzig, Braun, 1713. Freiberg: TU Bergakad. Freiberg, Univ.-Bibliothek „Georgius Agricola".

Emery, B. (2012). *Sustainable marketing.* Pearson.

Europäische Kommission. (2011). *Mitteilung der Kommission an das Europäische Parlament, den Rat, den Europäischen Wirtschafts- und Sozialausschuss und den*

Ausschuss der Regionen: Eine neue EU-Strategie (2011–14) für die soziale Verantwortung der Unternehmen (CSR). Europäische Kommission.

Europäische Kommission. (2016). *Mitteilung der Kommission an das Europäische Parlament, den Rat, den Europäischen Wirtschafts- und Sozialausschuss und den Ausschuss der Regionen: Auf dem Weg in eine nachhaltige Zukunft – Europäische Nachhaltigkeitspolitik*. Europäische Kommission.

Europäische Kommission. (2019). *Mitteilung der Kommission an das Europäische Parlament, den Europäischen Rat, den Rat, den Europäischen Wirtschafts- und Sozialausschuss und den Ausschuss der Regionen: Der europäische Grüne Deal*. Europäische Kommission.

Flaig, B. B., & Barth, B. (2017). Hoher Nutzwert und vielfältige Anwendung: Entstehung und Entfaltung des Informationssystems Sinus-Milieus®. In B. Barth, B. Flaig, N. Schäuble & M. Tautscher (Hrsg.), *Praxis der Sinus-Milieus® : Gegenwart und Zukunft eines modernen Gesellschafts- und Zielgruppenmodells* (S. 3–21). Springer VS.

Gebhard, M., & Kleene, M. (2014). Dialog und Glaubwürdigkeit: Wie Unternehmen im Social Web das Vertrauen der Konsumenten gewinnen – und dabei Fallstricke vermeiden: Praxisbeispiele von Deutschlands führender Nachhaltigkeitsplattform Utopia.de. In R. Wagner, G. Lahme & T. Breitbarth (Hrsg.), *CSR und Social Media: Unternehmerische Verantwortung in sozialen Medien wirkungsvoll vermitteln* (S. 247–259). Springer Gabler.

Glöckner, A., Balderjahn, I., & Peyer, M. (2010). Die LOHAS im Kontext der Sinus-Milieus. *Marketing Review St. Gallen, 5*, 37–41.

Gordon, R., Carrigan, M., & Hastings, G. (2011). A framework for sustainable marketing. *Marketing Theory, 11*(2), 143–163.

Grant, J. (2007). *The green marketing manifesto, The Atrium, Southern Gate*. Wiley.

Grant, J. (2020). *Greener marketing*. Wiley.

Grimm, A., & Malschinger, A. (2021). *Green Marketing 4.0 – Ein Marketing-Guide für die Green Davids und Greening Goliaths*. Springer Gabler.

Haller-Mangold, T., & Schaltegger, S. (2014). Aufbau und Führung von Nachhaltigkeitsmarken in Social Media. In R. Wagner, G. Lahme & T. Breitbarth (Hrsg.), *CSR und Social Media: Unternehmerische Verantwortung in sozialen Medien wirkungsvoll vermitteln* (S. 25–39). Springer Gabler.

Heiler, F., Brunner, K.-H., Strigl, A., Leuthold, M., Rützler, H., Keul, A., Kanatschnig, D., Schmalnauer, P., & Brenzel, S. (2008). *Sustainable Lifestyles – Nachhaltige Produkte, Dienstleistungen und Lebensstile hervorbringen: Analyse von Lebensstiltypologien, Gestaltungsmöglichkeiten für Unternehmen, Ein-*

bindung von KonsumentInnen und Stakeholdern, Schriftenreihe 01/2009. Bundesministerium für Verkehr, Innovation und Technologie.

Heinrich, P., & Schmidpeter, R. (2018). Wirkungsvolle CSR-Kommunikation – Grundlagen. In P. Heinrich (Hrsg.), *CSR und Kommunikation: Unternehmerische Verantwortung überzeugend vermitteln* (2. Aufl., S. 1–25). Springer Gabler.

Helmke, S., Scherberich, J. U., & Uebel, M. (2016). *LOHAS-Marketing – Strategie – Instrumente – Praxisbeispiele.* Springer Gabler.

Herlyn, E., & Radermacher, F. J. (2014). Was kann das Marketing für die Nachhaltigkeit tun? – Eine Beobachterperspektive auf die Zukunft des Sustainable Marketing. In H. Meffert, P. Kenning & M. Kirchgeorg (Hrsg.), *Sustainable Marketing Management – Grundlagen und Cases* (S. 431–463). Springer Gabler.

Hillmann, M. (2017). *Das 1x1 der Unternehmenskommunikation: Ein Wegweiser für die Praxis.* Springer Gabler.

Homburg, C. (2020). *Grundlagen des Marketingmanagements – Einführung in Strategie, Instrumente, Umsetzung und Unternehmensführung* (6. Aufl.). Springer Gabler.

Kemper, J. A., & Ballantine, P. W. (2019). What do we mean by sustainability marketing?'. *Journal of Marketing Management, 35*(3/4), 277–309.

Kenning, P. (2014). Sustainable Marketing – Definition und begriffliche Abgrenzung. In H. Meffert, P. Kenning & M. Kirchgeorg (Hrsg.), *Sustainable Marketing Management – Grundlagen und Cases* (S. 3–20). Springer Gabler.

Kirchgeorg, M. (2018a). Ökomarketing. Gabler Wirtschaftslexikon. https://wirtschaftslexikon.gabler.de/definition/oekomarketing-42734/version-266077. Zugegriffen am 06.08.2021.

Kirchgeorg, M. (2018b). Nachhaltigkeitsmarketing. Gabler Wirtschaftslexikon. https://wirtschaftslexikon.gabler.de/definition/nachhaltigkeitsmarketing-37763/version-261194. Zugegriffen am 06.08.2021.

Köhn-Ladenburger, C. (2013). *Marketing für LOHAS – Kommunikationskonzepte für anspruchsvolle Kunden.* Springer Gabler.

Kotler, P., Armstrong, G., Harris, L. C., & Pierc, N. (2013). *Principles of marketing* (6. Aufl.). Pearson Education.

Kraus, D. (2020). *Green Marketing – ein Ansatz nachhaltiger Unternehmensführung aus Sicht des Marketings* (*Erfurter Hefte zum angewandten Marketing,* Bd. 57). Fachhochschule Erfurt.

Kroeber-Riel, W., & Esch, F.-R. (2015). *Strategie und Technik der Werbung – Verhaltenswissenschaftliche und neurowissenschaftliche Erkenntnisse* (8. Aufl.). W. Kohlhammer.

Kroeber-Riel, W., & Gröppel-Klein, A. (2013). *Konsumentenverhalten* (10. Aufl.). Vahlen.

Kuß, A., & Kleinaltenkamp, M. (2020). *Marketing-Einführung – Grundlagen – Überblicke – Beispiele.* Springer Gabler.

Mattauch, C. (2021). Der grüne Hebel. *absatzwirtschaft, 5,* 20–30.

Meffert, H., Burmann, C., Kirchgeorg, M., & Eisenbeiß, M. (2019). *Marketing. Grundlagen marktorientierter Unternehmensführung. Konzepte – Instrumente – Praxisbeispiele* (13. Aufl.). Springer Gabler.

Oestreicher, K. (2017). Energierelevante Aspekte beim Green Marketing. In F. J. Matzen & R. Tesch (Hrsg.), *Industrielle Energiestrategie – Praxishandbuch für Entscheider des produzierenden Gewerbes* (S. 223–237). Springer Gabler.

Ottman, J. A. (2011). *The new rules of green marketing – Strategies, tools, and inspiration for sustainable branding.* Greenleaf Publ.

Pastoors, S. (2018a). Normative Rahmenbedingungen der nachhaltigen Produktentwicklung: Das Unternehmensleitbild. In U. Scholz, S. Pastoors, J. Becker, D. Hofmann & R. van Dun (Hrsg.), *Praxishandbuch Nachhaltige Produktentwicklung: Ein Leitfaden mit Tipps zur Entwicklung und Vermarktung nachhaltiger Produkte* (S. 79–87). Springer Gabler.

Pastoors, S. (2018b). Nachhaltigkeit im Unternehmen verankern: Werteorientierte Unternehmensführung. In U. Scholz, S. Pastoors, J. Becker, D. Hofmann & R. van Dun (Hrsg.), *Praxishandbuch Nachhaltige Produktentwicklung: Ein Leitfaden mit Tipps zur Entwicklung und Vermarktung nachhaltiger Produkte* (S. 243–256). Springer Gabler.

Peattie, K., & Charter, M. (2003). Green marketing. In M. J. Baker (Hrsg.), *The marketing book* (5. Aufl., S. 726–753). Butterworth-Heinemann.

Pittner, M. (2014). *Strategische Kommunikation für LOHAS – Nachhaltigkeitsorientierte Dialoggruppen im Lebensmitteleinzelhandel.* Springer Gabler.

Riedel, H. (2013). Lohas: Grünes Marketing für Premium-Zielgruppe. Springer Professional. https://www.springerprofessional.de/marketing---vertrieb/lohas-gruenes-marketing-fuer-premium-zielgruppe/6597400. Zugegriffen am 06.08.2021.

Rösch, C., Schaldach, R., & Göpel, J. (2020). *Bioökonomie im Selbststudium: Nachhaltigkeit und ökologische Bewertung.* Springer Spektrum.

Schleer, C. (2014). *Corporate Social Responsibility und Die Kaufentscheidung der Konsumenten.* Springer Gabler.

Schlindwein, L., & Ternès, A. (2019). Storytelling als nachhaltiges Marketing im Corporate Branding. In A. Ternès & M. Englert (Hrsg.), *Nachhaltiges Management: Nachhaltigkeit als exzellenten Managementansatz entwickeln* (S. 505–520). Springer Gabler.

Schneider, A. (2015). Reifegradmodell CSR – Eine Begriffserklärung und -abgrenzung. In A. Schneider & R. Schmidpeter (Hrsg.), *Corporate Social Responsibility – Verantwortungsvolle Unternehmensführung in Theorie und Praxis* (2. Aufl., S. 21–42). Springer Gabler.

Scholz, U. (2018a). Green Marketing: Ein ganzheitlicher Ansatz für nachhaltiges Handeln. In U. Scholz, S. Pastoors, J. Becker, D. Hofmann & R. van Dun (Hrsg.), *Praxishandbuch Nachhaltige Produktentwicklung: Ein Leitfaden mit Tipps zur Entwicklung und Vermarktung nachhaltiger Produkte* (S. 39–48). Springer Gabler.

Scholz, U. (2018b). Markteinführung: Praktische Einführung des Green Marketing. In U. Scholz, S. Pastoors, J. Becker, D. Hofmann & R. van Dun (Hrsg.), *Praxishandbuch Nachhaltige Produktentwicklung: Ein Leitfaden mit Tipps zur Entwicklung und Vermarktung nachhaltiger Produkte* (S. 229–240). Springer Gabler.

Scholz, U. (2018c). Chancen der nachhaltigen Produktentwicklung. In U. Scholz, S. Pastoors, J. Becker, D. Hofmann & R. van Dun (Hrsg.), *Praxishandbuch Nachhaltige Produktentwicklung: Ein Leitfaden mit Tipps zur Entwicklung und Vermarktung nachhaltiger Produkte* (S. 257–264). Springer Gabler.

Scholz, U., Pastoors, S., & Becker, J. H. (2015). *Einführung in nachhaltiges Innovationsmanagement und die Grundlagen des Green Marketing.* Tectum.

Severin, A. (2007). Nachhaltigkeit als Herausforderung für das Kommunikationsmanagement in Unternehmen. In G. Michelsen & J. Godemann (Hrsg.), *Handbuch Nachhaltigkeitskommunikation – Grundlagen und Praxis* (2. Aufl., S. 64–75). oekom.

Stark, D. H. (2019). *Marketing und Kundenmanagement: Strategien und Instrumente erfolgreicher Kundengewinnung und Kundenpflege.* Holzmann Medien.

Steffenhagen, H. (2008). *Marketing – Eine Einführung* (6. Aufl.). W. Kohlhammer.

Szabo, S., & Webster, J. (2020). Perceived greenwashing: The effects of green marketing on environmental and product perceptions. *Journal of Business Ethics, 171*, 719–739.

Thommen, J. P., Achleitner, A.-K., Gilbert, D. U., Hachmeister, D., Jarchow, S., & Kaiser, G. (2020). *Allgemeine Betriebswirtschaftslehre – Umfassende Einführung aus managementorientierter Sicht* (9. Aufl.). Springer Gabler.

Walsh, G., Deseniss, A., & Kilian, T. (2020). *Marketing – Eine Einführung auf der Grundlage von Case Studies* (3. Aufl.). Springer Gabler.

Weber, T. (2019). Zur Wirkung und Nutzung nachhaltiger Marken und Siegel. In A. Ternès & M. Englert (Hrsg.), *Nachhaltiges Management: Nachhaltigkeit als exzellenten Managementansatz entwickeln* (S. 475–485). Springer Gabler.

Weigand, H. (2017). *Green Marketing – inkl. Arbeitshilfen online: Erfolgsstrategien für kleine und mittelständische Unternehmen.* Haufe Lexware.

Weigand, H. (2020). Green Marketing – nachhaltig erfolgreich. In M. Stumpf (Hrsg.), *Die 10 wichtigsten Zukunftsthemen im Marketing* (2. Aufl., S. 47–69). Haufe Lexware.

Wühle, M. (2019). Nachhaltigkeit als Erfolgsfaktor. In A. Ternès & M. Englert (Hrsg.), *Nachhaltiges Management: Nachhaltigkeit Als Exzellenten Managementansatz Entwickeln* (S. 61–78). Springer Gabler.

3

Planungsprozesse grüner Kommunikation – an zehn Beispielunternehmen illustriert

Zusammenfassung In diesem Kapitel werden die einzelnen Schritte des Planungsprozesses grüner Kommunikation aufgezeigt. Jeder Einzelschritt wird dabei in seinen spezifischen Teilaspekten dargestellt. Zur Illustration – aber natürlich auch zur Inspiration – dienen dabei Aussagen aus Interviews mit Unternehmen aus der Energiebranche. Sie geben eine praxisnahe Beurteilung der einzelnen Aspekte.

In diesem Kapitel werden die in Abschn. 2.2.2 dargelegten einzelnen Schritte des Planungsprozesses der Kommunikationspolitik anhand von zehn Beispielunternehmen dargestellt, die bereits (auch) nachhaltige Produkte oder Dienstleistungen anbieten und zur besseren Vergleichbarkeit einer gemeinsamen Branche angehören, in der Nachhaltigkeit bereits Relevanz hat: die Energiebranche (vgl. Institut für Arbeitsmarkt- und Berufsforschung, 2019, S. 9). Der Vollständigkeit halber muss an dieser Stelle angemerkt werden, dass die Energiebranche im Gesamten kein Paradebeispiel für Green Marketing ist, da hier noch umweltschädliche Stromerzeugungen praktiziert werden. Zudem wurde in der Vergangenheit einigen Unternehmen dieser Branche Green Washing vorgeworfen (vgl. Kraus, 2020, S. 36 f.). Dennoch befindet sich die Branche bereits in einem nachhaltigen Veränderungsprozess.

Die zehn Fallbeispiele stammen aus einer empirischen qualitativen Studie, die an der IST-Hochschule für Management entstanden ist und in deren Rahmen Kommunikations- und Marketingexperten mittels leitfragengestützter Interviews befragt wurden (vgl. Sobolewski, 2021).

Am Ende der Abschnitte wird jeweils ein Take-away formuliert.

3.1 Kommunikationssituation

Die nachhaltige Kommunikationssituation der interviewten Unternehmen ist von verschiedenen Faktoren geprägt. Insbesondere haben sich folgende vier Unterkategorien als Einflussfaktoren herauskristallisiert: die eigene Unternehmensausrichtung, die Relevanz des Themas Nachhaltigkeit, die Marktsituation sowie das intrinsische Nachhaltigkeitsinteresse innerhalb des Unternehmens.

3.1.1 Unternehmensausrichtung

Die interviewten Unternehmen verfolgen eine unterschiedlich starke Nachhaltigkeitsstrategie. Während einige Unternehmen erst damit begonnen haben, Nachhaltigkeit in ihrer Strategie zu berücksichtigen, ist bei anderen Unternehmen Nachhaltigkeit bereits fester Bestandteil ihrer Unternehmenspolitik, wie eines der Unternehmen mit folgender Aussage verdeutlicht:

„Mittlerweile [spielt Nachhaltigkeit] eine sehr große [Rolle]. Ich sage bewusst mittlerweile, weil wir als Energieversorgungsunternehmen da erst verhältnismäßig spät […] eingestiegen sind in dieses Thema. Natürlich gab es immer schon das Thema Umweltschutz bei uns, wir müssen ja bestimmte Auflagen berücksichtigen, aber das hat man nie kommuniziert. Und wir haben vor mittlerweile, ja jetzt fast drei Jahren, haben wir unsere Strategie ganz stark in Richtung Nachhaltigkeit ausgerichtet." (Sobolewski, 2021, S. 31)

Zwei Unternehmen bezeichnen sich sogar selbst als Nachhaltigkeitsunternehmen und haben ihre gesamte Unternehmensstrategie nach dem Aspekt Nachhaltigkeit gestaltet. So erläutert eines der Unternehmen:

> „[..] Wir […] bezeichnen uns selbst als Nachhaltigkeitskonzern und richten seitdem unsere Unternehmensstrategie und damit natürlich auch die Kommunikation komplett auf Nachhaltigkeit aus." (Sobolewski, 2021, S. 31)

Das zeigt, dass die Unternehmen eine unterschiedliche Ausgangslage für die grüne Kommunikation haben und dass sie jeweils einer der drei Gruppen Tactical Greening (Gruppe 1), Quasi-Strategic Activities (Gruppe 2) und Strategic Green Marketing (Gruppe 3) zuzuordnen sind (vgl. Abschn. 2.1.2 und Abb. 3.1).

So zählen auch Unternehmen zu den zehn Fallbeispielen, die neben den grünen Produkten auch Graustrom oder andere Erzeugnisse in ihrem Produktportfolio aufweisen. Dies sollte in der Green-Marketing-Kommunikation berücksichtigt werden, damit die Marke weiterhin authentisch bleibt. Somit sollten diese Unternehmen im Vergleich zu den Unternehmen, die bereits Nachhaltigkeit fest im Unternehmen verankert haben, ihre Kommunikation eher zurückhaltender gestalten. Ein Unternehmen erläutert dies wie folgt:

Abb. 3.1 Zuordnung von Unternehmen nach ihrer Konsequenz in der Umsetzung nachhaltiger Werte in drei Entwicklungsstufen oder -phasen. (Quelle: Eigene Darstellung)

„[... D]eshalb fahren wir auch zum Teil mit angezogener Handbremse. Wenn unsere Strategie die ist, die primär auf Grau-Strom setzt, dann können wir halt nicht sagen, wir sind das grünste Energieunternehmen Deutschlands." (Sobolewski, 2021, S. 32)

> Damit wird deutlich, dass die jeweilige Unternehmenssituation großen Einfluss auf die Ausgestaltung der grünen Kommunikationspolitik nimmt.

3.1.2 Themenrelevanz

Neben der Unternehmenssituation nannten viele Interviewpartner die steigende Themenrelevanz von Nachhaltigkeit als weiteren Einflussfaktor für die Kommunikationspolitik.

Während früher nachhaltige Unternehmen offenbar eher belächelt wurden, hat das Thema heute Anklang in der breiten Masse gefunden. Dies illustriert eines der Unternehmen mit folgender Aussage:

„Naja, also was sich extrem verändert hat, ist die Akzeptanz bei den Kundinnen und Kunden. Also wir haben, als wir uns entschieden haben, im Jahre 2009 die Grundversorgung komplett auf regenerative Energien umzustellen, da schon sehr viel Kritik und zum Teil auch extreme Anfeindungen bekommen. Das hat sich jetzt in diesen letzten 10 Jahren doch enorm verändert, also dass die Akzeptanz für den Weg, den wir als Unternehmen gegangen sind, ja größer ist und auch das Wohlwollen und die Bereitschaft der Kundinnen und Kunden, eventuell sogar zwei oder drei Euro mehr zu zahlen für die Stromrechnung. Das hat sich schon verändert und das ist wesentlich größer geworden." (Sobolewski, 2021, S. 33)

Nachhaltigkeit ist somit für Unternehmen heute kein Alleinstellungsmerkmal mehr, sondern vielmehr eine Grundvoraussetzung und wird von vielen Kunden mittlerweile sogar als Kaufkriterium angesehen, wie es auch schon eingangs anklang. Eines der Unternehmen betitelt Nachhaltigkeit somit auch als Hygienefaktor und ein weiteres ergänzt, dass Nachhaltigkeit „[..] ein bisschen schick geworden" (Sobolewski, 2021, S. 33) ist. Ein wiederum anderes Unternehmen ist darüber hinaus der Meinung, dass man das Thema derzeit nicht stark genug kommunizieren könne.

Es ist daher naheliegend, dass Nachhaltigkeit einen höheren Stellenwert in der Kommunikation erhalten sollte, um dem gestiegenen Interesse gerecht zu werden.

3.1.3 Marktsituation

Die Marktsituation spielt in der Energiebranche ebenfalls eine besondere Rolle in der Green-Marketing-Kommunikation. So ist ein Unternehmen zwar der Meinung, dass Werte und Inhalte zukünftig eine stärkere Rolle in der Kommunikation spielen werden, jedoch der Preis weiterhin die Kaufentscheidung dominiert. Hier stellen besonders Preisvergleichsportale eine Herausforderung dar. Zudem gibt es Unternehmen, die mit Dumpingpreisen den Markt attackieren. Auch kommt es in der Energiebranche häufig zu Preisanpassungsprozessen. Aufgrund dessen erhält der Kunde ein Sonderkündigungsrecht, was sich ebenfalls auf die Kommunikation auswirkt. Es sollte somit in der Kommunikation berücksichtigt werden, dass nicht allein das Thema Nachhaltigkeit ein wichtiges Kriterium für den Kunden ist, sondern ebenso der Preis.

Außerdem betont eines der Unternehmen, dass einige Unternehmen der Energiebranche unter Verkaufsdruck stehen und dahingehend die Kommunikation ebenfalls beeinflusst wird.

Des Weiteren spielt nach einem anderen Unternehmen die Unternehmensausrichtung der Wettbewerber eine Rolle, denn viele Energieversorger haben noch Graustrom in ihrem Portfolio. Eines der Unternehmen fügt hinzu, dass nur wenige Unternehmen einen hohen Ökostromanteil aufweisen. Transformatives Green Marketing stellt daher noch eine Nische dar, allerdings wird sich das nach Einschätzung eines der Unternehmen in den nächsten Jahren stark ändern. Dennoch beschäftigen sich auch heute schon nahezu alle Marktteilnehmer innerhalb der Beispielbranche mit nachhaltigen Lösungen. Eines der Unternehmen begründet dies damit, dass Nachhaltigkeit eine Grundvoraussetzung geworden ist. Ein weiteres ergänzt, dass Nachhaltigkeit zum Teil auch durch Auflagen festgeschrieben ist, und ein drittes fügt hinzu, dass Stakeholder dies zum Teil auch fordern. So kommt es auch vor, dass sich Anbieter fossiler Energien grün positionieren.

Die Branche befindet sich zudem in einem Umbruch und stellt nun verstärkt den Kunden in den Mittelpunkt.

Neben der Wettbewerbssituation spielt jedoch auch das Produkt selbst eine entscheidende Rolle. Denn im Vergleich zu klassischen Konsumgütern ist Strom ein Commodity-Produkt[1] und kein haptisches Produkt. Dies erschwert die kommunikative Ausgangslage der Unternehmen. Ein Unternehmen fasst dies wie folgt zusammen:

„[… L]letztendlich Strom an sich ist ja ein total austauschbares Produkt. […] Und da ist es natürlich dann auch schwer […], da in irgendeiner Form etwas aufzubauen, was letztendlich diesen Produkten eine Identität gibt. Das ist fast nicht möglich." (Sobolewski, 2021, S. 34)

Es wird somit deutlich, dass die jeweilige Marktsituation in der Kommunikation berücksichtigt werden sollte. Für die Energiebranche bedeutet dies, dass der Preis weiterhin ein entscheidendes Kriterium darstellt, die Positionierung der Wettbewerber berücksichtigt und auf die Produktbesonderheiten eingegangen werden sollte.

3.1.4   Intrinsische Motivation

Einige Unternehmen nannten darüber hinaus das intrinsische Nachhaltigkeitsinteresse der Mitarbeiter als Einflussfaktor. Demnach wird das Thema von innen heraus angetrieben, sodass es sich auch hinterher in der Kommunikation widerspiegelt. So betont eines der Unternehmen in diesem Zusammenhang:

„Das hat ja bei uns eigentlich intern auch angefangen und dann erst extern. Das heißt, diese Nachhaltigkeitshaltung kam auch von unseren Mitarbeitern. Ganz stark wurde das Thema getrieben. Und entsprechend haben wir da zuerst angesetzt und geguckt: Was können wir machen?" (Sobolewski, 2021, S. 35).

---

[1] Unter einem Commodity-Produkt oder auch Commodities genannt, versteht man Leistungen, die als homogen und undifferenziert wahrgenommen werden (vgl. Elke et al., 2014, S. 4).

Viele der Unternehmen sehen sich auch in der Verantwortung, etwas zum Thema Nachhaltigkeit beizutragen und Anreize für nachhaltige Produkte zu schaffen. Nach Aussagen eines der Unternehmen spielt die Kommunikation hier eine besondere Rolle:

> „Denn wir sind damals aus dem Grund gegründet worden, dem Klimawandel entgegenzutreten und den Energiemarkt ein Stück weit zu revolutionieren und grüner zu machen. Genau deswegen ist es eigentlich auch unser Ziel – natürlich mit unseren Produkten, aber auch mit der Kommunikation. Der kommt dabei natürlich eine zentrale Rolle zu: einen Bewusstseinswandel zu schaffen, die Klimawende aktiv voranzutreiben […]." (Sobolewski, 2021, S. 34)

Auffällig ist hier, dass nur Unternehmen, die in Gruppe 2 und 3 (siehe Abschn. 2.1.2 und 3.1.1) eingeteilt wurden, diesen Aspekt als Einflussfaktor auf die grüne Kommunikation nannten. Die Unternehmen, die gerade erst begonnen haben, sich mit dem Thema Green Marketing intensiver auseinanderzusetzen, werden nicht von den eigenen Mitarbeitern beeinflusst. Es kann daher vermutet werden: Je nachhaltiger ein Unternehmen agiert, desto größer ist der Einfluss von internen Zielgruppen.

Insgesamt kann festgehalten werden, dass es einerseits ein gesteigertes Interesse für das Thema Nachhaltigkeit gibt, sodass es für die Unternehmen naheliegend ist, sich in der Kommunikation auf diesen Aspekt zu fokussieren. Jedoch wurde auch ersichtlich, dass die Marktsituation sowie die eigene Unternehmensausrichtung nicht außer Acht gelassen werden dürfen. Auch das intrinsische Interesse des eigenen Unternehmens wirkt sich auf die Kommunikation aus.

3.2   Kommunikationsziele

Im Rahmen der Green-Marketing-Kommunikation verfolgen die Unternehmen verschiedene Ziele, welche zu den folgenden Unterkategorien zusammengefasst werden können: Aufklärung/Awareness, Verkauf, Image, Kundenbindung und Themenzentrierung. Diese werden im Folgenden näher erläutert.

3.2.1 Aufklärung/Awareness

Besonders häufig betonten die interviewten Kommunikations- und Marketingfachleute, dass mittels der Green-Marketing-Kommunikation generell über das Thema Nachhaltigkeit aufgeklärt bzw. ein Bewusstsein für nachhaltige Alternativen geschaffen werden soll. So erläutert beispielsweise eines der Unternehmen:

> „Und, wir hatten eben schon Kompetenz beim Thema Energieprodukte, dass wir eben auch Awareness schaffen über das Thema Nachhaltigkeit für diese Produkte." (Sobolewski, 2021, S. 36).

Ein anderes Unternehmen ist der Meinung, dass es insbesondere im Bereich Nachhaltigkeit noch einen großen Aufklärungsbedarf gibt:

> „Deswegen glaube ich ist es auch klug von Unternehmen, Kunden dafür zu sensibilisieren, welche Aspekte das eben sind und worauf es ankommt. Deswegen finde ich das gut und ich glaub, das kann eine Authentizität einer Kommunikation auch nur unterstreichen, wenn ich da eben auch so ein bisschen in der Aufklärerrolle unterwegs bin." (Sobolewski, 2021, S. 36).

Ein Unternehmen gab zudem an, dass durch die Aufklärungsarbeit auch indirekt der Vertrieb von nachhaltigen Produkten gefördert werden kann.

Nach Ansicht eines Unternehmens sollte jedoch der Absatzgedanke in den Hintergrund rücken, wenn man sich in der Aufklärerrolle sieht und dies als oberstes Ziel erklärt. So scheut sich eines der Unternehmen auch nicht davor, das eigene Geschäftsmodell zu hinterfragen, wie in folgender Aussage deutlich wird:

> „[… W]ir sind ganz offen und sagen also, die beste, nachhaltigste und grünste Energie ist am Ende die, die man gar nicht verbraucht, was natürlich ein Stück weit unserem Geschäftsmodell entgegensteht. Wir verdienen natürlich daran, dass Menschen Energie brauchen. Aber wir geben halt z. B. auch sehr regelmäßig Tipps, wie sie Energie einsparen können, weil das halt am Ende das ist for the bigger Picture […]" (Sobolewski, 2021, S. 37).

Ein weiteres Unternehmen ist ebenfalls der Meinung, dass der Absatz-gedanke in den Hintergrund gerückt werden müsse und vielmehr ver-sucht werden sollte, Argumente dafür zu liefern, warum nachhaltige Pro-dukte anderen Produkten vorgezogen werden sollten.

> Aus den Ergebnissen lässt sich daher schließen, dass sowohl Unternehmen, die am Anfang des Green-Marketing-Prozesses stehen, als auch Unter-nehmen, die schon sehr nachhaltig agieren, die Aufklärungsarbeit als Kommunikationsziel definiert haben. Eine vollständige Vernachlässigung des Absatzgedankens ist jedoch nur bei einem der Unternehmen der Fall, welches bereits als sehr nachhaltig eingestuft werden kann.

3.2.2 Verkauf

Einige Unternehmen wollen dennoch mittels der grünen Kommunika-tion Verkaufsargumente für nachhaltige Produkte liefern. So erläutert ein Unternehmen, dass Nachhaltigkeit in der Kommunikation *„[...] natür-lich auch in Richtung Kunde als Hilfestellung für die Wahl ihres Energie-anbieters"* und somit zur Neukundengewinnung dienen soll (Sobolewski, 2021, S. 37). Ein anderes Unternehmen möchte mittels der grünen Kommunikation ebenfalls Neukunden gewinnen. Und ein weiteres Unternehmen ist sogar der Meinung, dass der Verkauf nicht gänzlich außer Acht gelassen werden darf, denn ohne Wirtschaftlichkeit können demnach auch keine nachhaltigen Alternativen angeboten werden. Dies ist auch der Grund, weshalb eines der Unternehmen zwar das Verkaufs-ziel in den Hintergrund rückt, wie in Abschn. 3.2.1 deutlich wurde, es aber dennoch nicht gänzlich vernachlässigt. Ein weiteres Unternehmen betont wiederum, dass der Verkauf zwar das oberste Kommunikationsziel sei, jedoch Nachhaltigkeit nicht immer als Verkaufsargument eingesetzt werden könne. Ein wieder anderes Unternehmen sieht das ähnlich und erläutert:

„Also da geht es eher darum, dass wir sagen: Unser Vertriebsergebnis soll so und so aussehen. Da ist erstmal egal, ob der grün, grau oder schwarz ist der Strom, den wir unseren Kunden verkaufen." (Sobolewski, 2021, S. 38).

Dies hängt vermutlich damit zusammen, dass die beiden eben genannten Unternehmen noch nicht in dem Umfang nachhaltig agieren wie andere Unternehmen.

> Es wird somit deutlich, dass einige Unternehmen nach wie vor den Verkauf als Kommunikationsziel definiert haben und Nachhaltigkeit zum Teil gezielt als Verkaufsargument genutzt wird.

3.2.3   Image

Als weiteres Ziel wurde die grüne Reputation eines Unternehmens genannt. Den Unternehmen ist es wichtig, dass sie von den Kunden als nachhaltiges Unternehmen wahrgenommen werden. So erläutert eines der befragten Unternehmen:

> „[… W]ir haben immer schon gemessen, mit welchen Themen wir welche Präsenz haben […]. Und da haben sich jetzt natürlich die Themen verändert. Ja. Also dass wir jetzt natürlich auch abfragen, inwieweit wir als nachhaltiger Energieversorger z. B. wahrgenommen werden, inwieweit wir glaubwürdig mit unserem Engagement für Umwelt, Klima, Artenschutz rüberkommen. […] Und für uns ist natürlich auch das Ziel, hier gute Werte zu erreichen. Und zuvor hatten wir da andere Aussagen für uns. Na, da ging es mehr um die bloße Bekanntheit." (Sobolewski, 2021, S. 38)

Ein Unternehmen hat zwar erläutert, dass Nachhaltigkeit auch als Verkaufsargument dient (vgl. Abschn. 3.2.2), jedoch ist es für das Unternehmen noch entscheidender, dass sie als Haltung des Unternehmens wahrgenommen wird. Dies wird folgendermaßen erklärt:

> „[… W]enn […] wir andere davon überzeugen können, dass wir es ernst meinen und Mitarbeiter davon überzeugen können, dass unser Unternehmen für etwas steht, wovon sie Teil sein möchten, dann ist das schon ein großer Erfolg." (Sobolewski, 2021, S. 38)

Nachhaltigkeit wirkt sich demnach generell positiv auf das Image aus. Eines der Unternehmen erläutert:

„Aber dennoch, bei den Maßnahmen […] haben wir natürlich schon die positive Imagewirkung, die wir sehen, auch wenn wir das Thema Nachhaltigkeit aufgreifen zusammen mit Klimaschutz und Ökologie." (Sobolewski, 2021, S. 38 f.)

Dies wird bei diesem Unternehmen auch als klares Ziel formuliert. Ein anderes Unternehmen nutzt die grüne Kommunikation ebenfalls zur Stärkung des Images.

> Es kann somit zusammengefasst werden, dass Unternehmen, die sich in Phase 1 und 2 befinden, versuchen, mittels der grünen Kommunikation ihr Image zu stärken. Unternehmen, die bereits sehr nachhaltig agieren, nannten dieses Ziel nicht.

3.2.4 Kundenbindung

Wenige der Beispielunternehmen haben darüber hinaus dargelegt, dass die grüne Kommunikation auch zur Kundenbindung eingesetzt wird. Eines der Unternehmen erklärt dies wie folgt:

„Wir wollen natürlich auch über die Kommunikation von Nachhaltigkeit eine nachhaltige Kundenbindung erreichen. Wir möchten nicht dauernd neue Kunden und nicht dauernd wechselnde Kunden, sondern am liebsten nachhaltige Kunden, die lange bei uns sind." (Sobolewski, 2021, S. 39)

Die Nachhaltigkeitskommunikation soll also dazu beitragen, Vertrauen aufzubauen, indem immer wieder die Vorteile des Unternehmens kommuniziert werden.

> Die Stärkung der Kundenbindung wurde ebenfalls nur von Unternehmen als Ziel genannt, die keine ganzheitliche Nachhaltigkeitsstrategie verfolgen.

3.2.5 Themenzentrierung

Interessant ist außerdem, dass einige der Unternehmen die Nachhaltig-keitskommunikation für sich genommen als Kommunikationsziel definiert haben. Nachhaltigkeit soll somit eine übergeordnete Rolle in der Kommunikation einnehmen. Somit soll jegliche Kommunikation den Aspekt Nachhaltigkeit berücksichtigen – jedoch immer nur dann, wenn es passt, ergänzt eines der befragten Unternehmen. (vgl. Sobolewski, 2021, S. 39)

Es wurde deutlich, dass das Ziel, Nachhaltigkeit in den Fokus zu setzen, nur für Unternehmen relevant zu sein scheint, die ihre Strategie noch nicht gänzlich nach dem Thema Nachhaltigkeit ausgerichtet haben. Zudem zeichnet sich das ab, was bereits in Abschn. 2.3.1 deutlich wurde, nämlich, dass bei der Green-Marketing-Kommunikation klassische Kommunikationsziele, wie beispielsweise der Verkauf, eher eine untergeordnete Rolle spielen.

> Vielmehr liegt der Fokus auf der Information und Betonung von Nach-haltigkeitsaspekten, wenngleich Unternehmen, die sich noch am Anfang des Nachhaltigkeitsprozesses befinden, weiterhin den Verkauf als priori-siertes Ziel verfolgen.

3.3 Zielgruppen

In den Interviews konnten zwei wesentliche Herangehensweisen hinsichtlich der Zielgruppen für die grüne Kommunikation festgemacht werden: eine gesonderte Nachhaltigkeitszielgruppe sowie eine allgemeine Kommunikationszielgruppe, die im Folgenden näher erläutert werden.

3.3.1 Nachhaltigkeitszielgruppe

Einige der Unternehmen richten ihre grüne Kommunikation an ein besonders nachhaltiges Publikum. Dabei handelt es sich jedoch, wie eines der Unternehmen erklärt, um eine sehr große und zugleich bundesweit anzutreffende Zielgruppe. Außerdem führt dieses Unternehmen fort, dass sowohl junge als auch ältere Menschen zwischen 30 und 55 zu dieser Nachhaltigkeitszielgruppe zählen. Ein anderes Unternehmen betont, dass seine Zielgruppe zumindest nachhaltig interessiert und in der Regel jung ist. Dabei kommt es auf das jeweilige Produkt an, ob die Kommunikation eher an einen nachhaltigkeitsorientierten Single in einer Großstadt oder eine nachhaltigkeitsorientierte junge Familie gerichtet ist.

Eines der Unternehmen hat für seine unterschiedlichen Produkte differenzierte Zielgruppen definiert und eine entsprechend nachhaltigkeitsaffine Gruppe für seine Ökoprodukte festgelegt:

> „[… D]en Ökostromtarif beispielsweise, den haben wir wirklich schon Ewigkeiten, der gehört einfach zu unserem Produktportfolio und richtete sich einfach schon immer an die nachhaltigkeitsbewussten Kunden. Dann haben wir auch für preissensible Kunden andere Tarife." (Sobolewski, 2021, S. 40 f.)

Diese Strategie verfolgt auch ein weiteres Unternehmen, welches seine Zielgruppen in Sinus-Milieus einteilt. Für nachhaltige Produkte werden hier entsprechend besonders nachhaltigkeitsaffine Milieus angesprochen. Laut diesem Unternehmen sind das die Milieus „Adaptiv-Pragmatische" und „Sozioökologische". Nach dessen Aussagen ist es wichtig, hier eine Unterscheidung vorzunehmen, da nachhaltigkeitsorientierte Milieus anders angesprochen werden wollen. Zwar sollen für die grünen Produkte die anderen Zielgruppen nicht ausgeschlossen werden, dennoch richtet sich die Kommunikation hier speziell an Nachhaltigkeitsorientierte. Zur weiteren Erläuterung führt das Unternehmen ein Beispiel aus der Automobilbranche heran:

> „[…] Mercedes verkauft die S-Klasse auch an Leute, von denen sie glauben, dass sie das nötige Kleingeld haben, um den zu kaufen und nicht an ein Klientel, die gerade erst ihr erstes Auto kaufen." (Sobolewski, 2021, S. 41)

Einer sehr exakt austarierten Zielgruppenanalyse und -definition kommt in der grünen Marketingkommunikation eine besondere Bedeutung zu.

3.3.2   Allgemeine Kommunikationszielgruppe

Alle anderen Unternehmen stimmen ihre grüne Kommunikation nicht auf eine speziell nachhaltigkeitsorientierte Zielgruppe ab, sondern haben für ihr Unternehmen eine allgemeine Zielgruppe definiert, an die alle Themen gespielt werden sollen. Eines der Unternehmen erläutert jedoch, dass Nachhaltigkeit in der Kommunikation dennoch eine große Rolle spielt, auch wenn nicht explizit eine Nachhaltigkeitszielgruppe definiert wurde. Da das Unternehmen die grünen Themen somit an seine allgemeine Zielgruppe adressiert, ist ihm bewusst, dass es auch Personen anspricht, die sich nicht für nachhaltige Produkte interessieren. Sollten sich diese dann vom Unternehmen abwenden, ist es für dieses Unternehmen aber eher unproblematisch, da es der Meinung ist, dass diese dann ohnehin nicht mehr zum Unternehmen passen. Dagegen werden jedoch Kunden, die sich für Nachhaltigkeit interessieren, sofort fündig.

Ein anderes Unternehmen kommuniziert ebenfalls nicht an eine spezielle Nachhaltigkeitszielgruppe. Dies ist aus dessen Sicht auch nicht zielführend, da Nachhaltigkeit keine Nische mehr darstellt, sondern für viele Menschen relevant ist. Ein weiteres Unternehmen stimmt dem zu und erläutert:

„Von daher sind unsere Zielgruppen auch jetzt nicht nur die nachhaltigen Nutzer. Das war mal so eine Gruppe, die wir mal definiert hatten, sondern die Zielgruppe hat sich erweitert. Da ist einfach, ich sag jetzt mal, jedermann interessiert, natürlich in unterschiedliche Auswirkungen und unterschiedlicher Intensität. Aber wie ich schon sagte, es ist eigentlich ein Hygienefaktor geworden und das Thema Nachhaltigkeit muss da einfach seinen Platz haben." (Sobolewski, 2021, S. 42)

Man sollte sich nicht mehr wie früher auf die „*[…] Ökofreaks mit Birkenstock-Schlappen […]*" (Sobolewski, 2021, S. 42) konzentrieren, sondern die grüne Kommunikation an alle potenziellen Kunden spielen.

Eines der Unternehmen hat zwar betont (vgl. Abschn. 3.3.1), dass es sich in der Produktkommunikation auf nachhaltigkeitsorientierte Zielgruppen fokussiert, in der übrigen Kommunikation wird jedoch keine Unterscheidung vorgenommen. Auch ein weiteres Unternehmen verfolgt diese Strategie und betont, dass „*[...] das, was noch vor 5 Jahren ein Öko-strom-Kunde war, ist jetzt, da steckt eigentlich eine ganz andere Person da-hinter.*" (Sobolewski, 2021, S. 42) Ein weiteres Unternehmen nimmt auch keine Unterscheidung vor, betont allerdings, dass zunehmend jüngere Zielgruppen berücksichtigt werden, auch aufgrund von Bewegungen wie Fridays For Future. Ein anderes Unternehmen versucht daher, auch schon Kinder in die Kommunikationsmaßnahmen einzubeziehen, denn auch wenn diese aktuell noch keine Konsumenten sind, könnten sie in Zukunft zu Konsumenten werden.

> Es wird somit deutlich, dass die meisten Unternehmen keine klare Nach-haltigkeitszielgruppe definieren, um die breite Masse ansprechen zu kön-nen. In Kap. 2 wurde aber empfohlen, sich auf nachhaltigkeitsorientierte Zielgruppen, wie beispielsweise die LOHAS, zu fokussieren und diese auf Produktebene noch weiter zu differenzieren. Eine klare Nachhaltigkeits-zielgruppe haben nur Unternehmen, die in Gruppe 3 eingeordnet wurden, für sich definiert.

3.4   Kommunikationsstrategie

Die Umsetzung der grünen Kommunikation erfolgt bei den Unter-nehmen sehr unterschiedlich. Manche Unternehmen gestalten ihre Kommunikation rund um den Aspekt Nachhaltigkeit (ganzheitliche grüne Kommunikation), während für andere Unternehmen Nachhaltig-keit nur einen Bruchteil der Kommunikation ausmacht (eingeschränkte grüne Kommunikation). Darüber hinaus verfolgen die Unternehmen unterschiedliche Strategien, um die Kommunikation zu harmonisieren (Vereinheitlichung der Kommunikation). Diese Strategien werden nach-folgend beschrieben.

3.4.1   Ganzheitliche grüne Kommunikation

Einige der befragten Unternehmen haben Nachhaltigkeit in den Fokus ihrer Kommunikation gerückt, sodass es keine Kommunikation mehr gibt, die nicht den Aspekt Nachhaltigkeit berücksichtigt. Die Strategie wird somit rund um das Thema Nachhaltigkeit festgelegt. Das Vorgehen beschreibt eines der Unternehmen wie folgt: Zunächst soll eine Bestandsaufnahme Aufschluss darüber geben, was das Unternehmen konkret hinsichtlich Nachhaltigkeit tun kann. Anschließend werden hieraus konkrete Maßnahmen definiert und umgesetzt. Erst im letzten Schritt folgt die Kommunikation. Es handelt sich hierbei um einen längeren Prozess, in dem folgende Fragen beantwortet werden sollen:

1. Was kann das Unternehmen tun? Welche Möglichkeiten gibt es?
2. Welche dieser Möglichkeiten bewirken etwas?
3. Kann man darüber sprechen? Fühlt sich das eigene Verhalten und Vorgehen richtig an?

Ein anderes Unternehmen kommuniziert ebenfalls alles unter dem Aspekt Nachhaltigkeit, wie mit folgender Aussage deutlich wird:

„Im Prinzip ist Nachhaltigkeit das, was unsere Kommunikation komplett ausmacht. Das zieht sich durch alle Bereiche, angefangen von Marketingaktionen über die PR-Kommunikation bis hin zur Personalkommunikation und unserer internen Kommunikation. Also zusammenfassend gesagt: Nichts wird kommuniziert ohne das Thema Nachhaltigkeit." (Sobolewski, 2021, S. 43)

Ein weiteres Unternehmen verfolgt eine ähnliche Strategie und teilt zudem die Kommunikation in Cluster auf, die unterschiedliche Schwerpunkte haben:

1. Die Produktkommunikation folgt dem Ziel darzustellen, was Nachhaltigkeit zum Leben der Kunden beitragen kann, während
2. die politische Kommunikation einen Beitrag dazu leisten soll, den Markt für die Energiewende zu öffnen.
3. Das 3. Cluster, die Projektkommunikation, fokussiert sich auf aktuelle Nachhaltigkeitsthemen.

Ein anderes Unternehmen nimmt ebenfalls keine Trennung vor und erläutert:

„Es gibt nicht mehr eine klassische Kommunikation und die neue sage ich jetzt mal rund um Green Marketing oder Nachhaltigkeit, sondern wir haben wirklich die gesamte Kommunikation, unser gesamtes Marketing, es ist Corporate Marketing, auf das Thema Nachhaltigkeit ausgerichtet." (Sobolewski, 2021, S. 44)

Auch wenn dieses Unternehmen noch nicht ganz nachhaltig ausgerichtet ist, werden in der aktiven Kommunikation nur noch die grünen Produkte berücksichtigt, abgesehen von gewissen Pflichtthemen, wie beispielsweise Preiserhöhungen. Zudem betont dieses Unternehmen, dass wenn es rein um den Vertrieb geht, auch noch Marketing für Graustrom betrieben wird. Somit deckt sich dies nicht mit der eben erwähnten Aussage, dass nur noch Nachhaltigkeitsthemen aktiv kommuniziert werden. *„Ja, manche sagen dazu auch Greenwashing"*, gesteht dieses Unternehmen ein.

Ein anderes Unternehmen wird zukünftig ähnlich vorgehen. Die eben erwähnte Pflichtkommunikation ist auch die einzige Ausnahme, bei der ein weiteres Unternehmen das Thema Nachhaltigkeit nicht berücksichtigt. Dennoch werden hier unterschiedliche Produkte, darunter auch nicht nachhaltige, gemeinsam beworben, da man die anderen Produkte nicht unterschlagen möchte. Dieses Unternehmen betitelt sich dennoch als nachhaltiges Unternehmen, das dem Kunden zwar die Wahl lässt, sich jedoch durch eine stärkere Betonung der nachhaltigen Produkte erhofft, dass der Kunde das nachhaltige Produkt wählt. Diese Herangehensweise ist jedoch als äußerst kritisch zu betrachten, denn wie in Abschn. 2.3.1 deutlich wurde, kann dies die Glaubwürdigkeit des Unternehmens erheblich beeinträchtigen.

> Das Thema Nachhaltigkeit kann so stark in den Fokus der Kommunikation von Unternehmen gerückt werden, dass es keine Kommunikation mehr gibt, die nicht den Aspekt Nachhaltigkeit berücksichtigt. Es werden nur noch Nachhaltigkeitsthemen aktiv kommuniziert. Doch muss dann unbedingt beachtet werden, kein Greenwashing zu betreiben.

3.4.2 Eingeschränkte grüne Kommunikation

Andere der Unternehmen sind noch nicht so weit, dass sie ihre gesamte Kommunikation rund um das Thema Nachhaltigkeit gestalten. So befindet sich eines der Unternehmen zwar auf dem Weg dorthin, die Marke in Richtung Nachhaltigkeit zu entwickeln, aktuell bearbeitet es jedoch die klassische und grüne Kommunikation parallel, wobei der Fokus klar auf der klassischen Kommunikation liegt. In Zukunft möchte das Unternehmen jedoch wie folgt vorgehen: Zunächst wird festgelegt, wie nachhaltig das Unternehmen werden möchte und daraufhin wird die Kommunikationsstrategie angepasst. Hierzu sollen die Nachhaltigkeitsaspekte der einzelnen Produkte herausgearbeitet werden. So soll die Marke in Richtung Nachhaltigkeit entwickelt werden.

Ein weiteres Unternehmen kommuniziert ebenfalls beide Seiten parallel, jedoch nimmt Nachhaltigkeit bereits eine große Rolle in der Kommunikation ein. Demnach wird jedes Jahr bereits ein Kommunikationskonzept zum Themenbereich „Nachhaltigkeit und Energieeffizienz" definiert und generell versucht das Unternehmen, die klassische und grüne Kommunikation zunehmend zu verbinden. Dennoch wird sich das Unternehmen in naher Zukunft nicht als Nachhaltigkeitsmarke positionieren.

Die Kommunikation eines anderen Unternehmens richtet sich ebenfalls nicht strategisch an dem Aspekt Nachhaltigkeit aus, sondern orientiert sich an den einzelnen Produkten. Nachhaltigkeit wird somit nur im Rahmen der Produktkommunikation von nachhaltigen Produkten ausgespielt. Dies erfolgt mittels einer Jahresplanung, in der bestimmte Konstanten, wie beispielsweise Veranstaltungstermine, berücksichtigt werden. Wenn dann der Verkauf eines nachhaltigen Produktes besonders gefördert werden soll, werden sämtliche Maßnahmen zur Stärkung des Abverkaufs definiert. Hierzu wird ein komplettes Kommunikationskonzept erarbeitet. Für dieses Unternehmen ist Nachhaltigkeit aber eher ein Imagethema, das nur ausgespielt werden sollte, wenn man auch wirklich etwas vorweisen kann. Generell zeigt das Unternehmen seinem Kunden jedoch immer „[…] den ganzen Blumenstrauß unserer Produkte […]" (Sobolewski, 2021, S. 45). Da das grüne Produkt nur eines von vielen Produkten ist, wird nicht die komplette Kommunikation auf den Aspekt Nachhaltigkeit ausgerichtet, damit die anderen Produkte nicht negativ dargestellt werden.

Ein weiteres Unternehmen hingegen fokussiert sich erst seit kurzem auf den Aspekt Nachhaltigkeit in der Kommunikation. Dabei prüft das Unternehmen immer zuerst, welche Nachhaltigkeitsaspekte das Produkt konkret erfüllt, und überlegt anschließend, wie man dies kommunizieren kann. Es wird somit gezielt nach Nachhaltigkeitsaspekten gesucht, wie mit folgender Aussage deutlich wird:

„Wir schauen schon wirklich, wo erfüllen wir diese Aspekte, wo können wir die einfach mal erzählen, wo wir es vielleicht vorher nicht getan haben. Das machen wir auch im Konzern, in der Gesamtkommunikation, über Agendasetting nennen wir das. Wir schauen halt wirklich, welche Themen wollen wir setzen und wie färben wir die ein mit dem Nachhaltigkeitsaspekt, der da ist. Also wir dichten den nicht künstlich drauf, sondern wir ziehen also die Nachhaltigkeitsbrille an und versuchen, da einen Schwerpunkt drauf zu legen in der Kommunikation." (Sobolewski, 2021, S. 46)

Die Kommunikation wird somit nicht rund um den Aspekt Nachhaltigkeit geplant, sondern es wird lediglich ein Schwerpunkt auf dieses Thema gesetzt. Das Unternehmen führt fort:

„Man beachtet einfach bei jeder Konzeption oder bei jedem Kommunikationsanlass zusätzlich quasi, okay, wie ist das nachhaltig oder ist es nachhaltig oder wie ist es grün oder wie hilft es der Umwelt. Das ist hinzugekommen." (Sobolewski, 2021, S. 46)

Die klassische und grüne Kommunikation werden dabei jedoch nicht explizit getrennt.

Bei einem anderen Fallbeispiel wurde zunächst die Unternehmensstrategie in Richtung Nachhaltigkeit ausgerichtet und erst anschließend folgte die Kommunikationsstrategie. Dennoch werden auch hier alle Aspekte des Unternehmens berücksichtigt und nicht nur die grünen Produkte.

Es zeigt sich somit, dass einige Unternehmen noch vor der Herausforderung stehen, nachhaltige und nicht nachhaltige Themen zu vereinen. Um dennoch ein einheitliches Unternehmensbild zu wahren, haben die Unternehmen unterschiedliche Herangehensweisen entwickelt, die im Folgenden kurz vorgestellt werden.

3.4.3 Vereinheitlichung der Kommunikation

Während das eine Unternehmen auf Aufklärungsarbeit setzt, ist es nach Meinung anderer Unternehmen entscheidend, die Kommunikation zu integrieren, um unternehmenseinheitlich zu kommunizieren.

Einige der befragten Unternehmen setzen ebenfalls auf eine abteilungsübergreifende Abstimmung. In einem der Fallbeispiele wird sogar die Meinung vertreten, dass dies durch den Aspekt Nachhaltigkeit noch viel stärker gefordert wird. So kann Nachhaltigkeit nochmal intensiver betrachtet und „[...] investigativ erforscht werden" (Sobolewski, 2021, S. 47). Außerdem stärkt die Markenidentität den einheitlichen Unternehmensauftritt, denn jegliche Kommunikation läuft unter diesem Dach. Ein weiteres Unternehmen fügt hinzu, dass es entscheidend ist, den Blick von außen, also außerhalb der eigenen Abteilungen, einzunehmen, um sich rückzuversichern. Daher werden auch in einem anderen der Unternehmen beispielsweise alle kommunikativen Themen in interdisziplinären Teams erarbeitet. In wieder einem anderen Fallbeispiel wird ein einheitlicher Unternehmensauftritt durch die Definition klarer Prozesse sichergestellt. Außerdem betont dieses Unternehmen, dass es von Vorteil sei, dass Marketing und Kommunikation in einer Abteilung gebündelt werden. Zudem kann allgemeine Aufklärungsarbeit dabei unterstützen, einen einheitlichen Unternehmensauftritt zu wahren.

In Kap. 2 wurde bereits erwähnt, dass die klassische und grüne Kommunikation zunehmend vereint werden müssen, dass die Kommunikation einen starken Nachhaltigkeitsfokus aufweisen soll und dass das Konzept der integrierten Kommunikation eine entscheidende Rolle in der Green-Marketing-Kommunikation spielt. Diese Ergebnisse lassen sich auch hier wiederfinden.

Es kann somit vermutet werden, dass je nachhaltiger ein Unternehmen agiert, desto weniger spielen andere Themen, abgesehen von Nachhaltigkeit, in der Kommunikation eine Rolle. Sollten dennoch neben den grünen auch noch andere Produkte kommuniziert werden, versuchen die Unternehmen, die Positionierung des Unternehmens klarzumachen, und werden sich nicht als reine Nachhaltigkeitsmarke positionieren. Eine andere Herangehensweise ist es, die grauen Produkte nicht mehr aktiv in der Kommunikation auszuspielen. Diese Herangehensweise kann jedoch Green-Washing-Vorwürfe zur Folge haben.

3.5   Kommunikationsbudget

Bei dem Kommunikationsbudget ist es ähnlich wie bei den Zielgruppen: Die meisten befragten Unternehmen differenzieren nicht zwischen dem Nachhaltigkeitskommunikationsbudget und dem übrigen Kommunikationsbudget, sondern haben einen allgemeinen Kommunikationsbudgettopf festgelegt. Eines der Unternehmen betont jedoch: Je mehr sich das Unternehmen auf das Thema Nachhaltigkeit fokussiert, desto mehr wird das Kommunikationsbudget auf den Fokus Nachhaltigkeit umgeschichtet. Ein anderes Unternehmen sieht das ähnlich. Dort gab es schon immer ein festgelegtes Kampagnenbudget, jedoch hat sich der Verwendungszweck nun zur Erreichung der Nachhaltigkeitsziele verändert. Ein weiteres Unternehmen geht davon aus, dass es in Zukunft ein gesondertes Budget für die grüne Kommunikation geben wird, jedoch ist dies aktuell noch nicht der Fall. In einem der befragten Unternehmen gibt es kein definiertes Kommunikationsbudget, sondern es werden Budgets für die einzelnen Produkte festgelegt. Wenn dann einzelne Produkte stärker in den Fokus gerückt werden sollen, kann das jeweilige Budget für Marketing- und Kommunikationszwecke eingesetzt werden. Ein anderes Unternehmen hat zwar einen Gesamtkommunikationsbudgettopf, allerdings gibt es auch ein gesondertes Nachhaltigkeitsbudget, um das Thema noch weiter vorantreiben zu können. Dies ist ebenfalls bei einem weiteren Unternehmen der Fall, jedoch erst, seitdem das Thema Nachhaltigkeit in der Öffentlichkeit beliebter wurde. Ein weiteres Unternehmen plant generell ein gesondertes Kommunikationsbudget für das Green Marketing ein.

Die Ergebnisse zeigen somit, dass im Rahmen des Green Marketings die meisten Unternehmen kein neues oder zusätzliches Budget festlegen, sondern dass das allgemeine Budget verstärkt für die grüne Kommunikation genutzt wird. Um das Thema weiter voranzutreiben, können jedoch gezielte Nachhaltigkeitsbudgets förderlich sein.

3.6   Operative Kommunikation

In der operativen Kommunikation macht sich der Einfluss von Nachhaltigkeit am stärksten bemerkbar. Zur Strukturierung wurden die einzelnen getroffenen Aussagen zur Umsetzung der grünen Kommunikation in folgende Unterkategorien zusammengefasst: Kommunikationsinstrumente, nachhaltige Marketingmaßnahmen, interne Kommunikation, Contentmanagement, Nachweise und Ansprache. Diese Unterkategorien werden in den nächsten Abschnitten beschrieben.

3.6.1   Kommunikationsinstrumente

Die meisten der interviewten Energieunternehmen kommunizieren ihre grünen Produkte crossmedial über alle Kanäle. Insbesondere für Unternehmen, die sich noch am Anfang des Green-Marketing-Prozesses befinden, ist eine kanalübergreifende Kommunikation wichtig, um das Thema erst einmal gemeinsam mit der Marke zu positionieren, erläutert eines der befragten Unternehmen. Dies gilt jedoch nur für Produkte, die auf einem Massenmarkt positioniert werden sollen. Wenn es sich um ein Nischenprodukt handelt, sollten die Kanäle stärker selektiert werden, damit die Streuverluste nicht zu groß sind.

So kommen im Rahmen der Green-Marketing-Kommunikation zum einen Spenden- und Sponsoringaktionen zum Einsatz. Außerdem spielen nach Ansicht eines der Unternehmen in der grünen Kommunikation Out-of-Home-Media sowie klassische PR-Maßnahmen eine große Rolle. PR ist ebenfalls für einige der Unternehmen im Rahmen der Green-Marketing-Kommunikation besonders relevant. Ein Unternehmen betont jedoch, dass sämtliche Maßnahmen auch immer hinsichtlich ihres gesamten Kommunikationspotenzials untersucht werden, sodass aus einer PR-Maßnahme auch Social-Media-Aktionen o. Ä. entstehen können. Bei einem anderen Unternehmen spielen PR-Maßnahmen, hier in Form von politischer Kommunikation, ebenfalls eine große Rolle, jedoch kommt auch ein klassischer Medienmix zum Einsatz. Das Unternehmen probiert darüber hinaus immer mal wieder neue Kanäle, wie beispielsweise Clubhouse, aus, um noch einmal stärker mit den Stakeholdern ins

Gespräch zu kommen. Denn insbesondere für die grüne Kommunikation sind dialogorientierte Kanäle von großer Bedeutung, erklärt das Unternehmen. Soziale Medien sind ebenfalls eine relevante Plattform, da sich hier häufig ein sehr nachhaltigkeitsaffines Publikum finden lässt. Es kommt aber auch vor, dass zusätzliche Kanäle für bestimmte Nachhaltigkeitsprodukte geschaffen werden. So hat eines der Unternehmen beispielsweise einen zusätzlichen YouTube-Kanal veröffentlicht, der sich gezielt dem Thema E-Mobilität widmet. Grundsätzlich werden die Kanäle jedoch nicht hinsichtlich des Themas Nachhaltigkeit, sondern in Hinblick auf die Zielgruppenerreichbarkeit ausgewählt, erklärt dieses Unternehmen.

Bei dem einen oder anderen Unternehmen gibt es auch spezielle Nachhaltigkeitskommunikation in Form eines Nachhaltigkeitsberichtes. Es werden außerdem auch klassische Printmedien zur grünen Kommunikation eingesetzt, wie beispielsweise Kundenmagazine oder Broschüren. Auch Anzeigen, Advertorials, Verkaufsförderung und digitale Kanäle kommen hier zum Einsatz. Eines der Unternehmen nutzt außerdem eine App für die grüne Kommunikation und plant zukünftig auch Audioformate, wie beispielsweise einen Podcast. Ein anderes Unternehmen hat bereits einen eigenen Podcast für die grüne Kommunikation und erläutert den Nutzen wie folgt:

> „[…F]ür uns ist es auf jeden Fall ein super Format, um Zielgruppen inhaltlicher in einer stärkeren Inhaltstiefe zum Thema Klimawandel abzuholen." (Sobolewski, 2021, S. 50)

Zwei andere Unternehmen fokussieren sich hauptsächlich auf die digitalen Kanäle, wie beispielsweise die eigene Website und Social Media. Ein weiteres Unternehmen nutzt darüber hinaus Google-Ads-Anzeigen für die Green-Marketing-Kommunikation.

Zusätzlich werden gezielte Veranstaltungsformate, wie beispielsweise eine Baumpflanzaktion, für die grüne Kommunikation eingesetzt. So lässt sich das Thema sehr emotionalisieren, erläutert das Unternehmen, wobei der Nutzen stark vom jeweiligen Eventcharakter abhängt. Ein anderes Unternehmen setzt ebenfalls sehr intensiv auf das Thema Eventmarketing, um Nachhaltigkeit mit einem Erlebnis zu verbinden. Darüber hinaus soll so eine gewisse Leichtigkeit, aber auch Ernsthaftigkeit, des Themas transportiert werden. Wenn die grünen Produkte noch weiter gepusht werden sollen, kommen bei einem weiteren Unternehmen auch besondere Aktionswochen mit Gewinnspielen und anderen Promotionsmaßnahmen zum Einsatz. Nach dessen Aussagen eignet sich hierzu besonders die Promotion in Reformhäusern. Aber auch Direktmarketingaktionen spielen hier eine große Rolle, da man so gezielt bestimmte Sinusmilieus kontaktieren kann. Hierbei kommen dann auch gelegentlich Out-of-Home-Media in Form von großflächigen Werbetafeln zum Einsatz.

> Es wird deutlich, dass die Unternehmen weitestgehend ihre klassischen Kanäle zusätzlich für die grüne Kommunikation nutzen und nur in wenigen Ausnamefällen neue Kanäle hinzuziehen. Es gibt jedoch auch Maßnahmen, die in der klassischen Kommunikation eingesetzt werden, jedoch nicht im Green Marketing. So arbeitet eines der Unternehmen beispielsweise in der Kommunikation mit Influencern zusammen, jedoch nicht im Rahmen der grünen Kommunikation. Dies unterstreicht die Aussage von Weigand (2017), dass das Green Marketing einen eigenen Kommunikationsmix braucht (siehe Kap. 2). Dabei bestätigen sich auch weitere Ergebnisse aus Kap. 2. So spielen klassische Kommunikationsinstrumente auch in der grünen Kommunikation eine große Rolle, jedoch gewinnen insbesondere dialogorientiere Kanäle an Bedeutung. Entscheidend ist aber, dass die grünen Themen crossmedial ausgespielt werden.

3.6.2 Nachhaltige Marketingmaßnahmen

Eine spannende Erkenntnis ist, dass alle Unternehmen versuchen, darauf zu achten, dass sie die verschiedenen Instrumente nicht nur zur grünen Kommunikation einsetzen, sondern dass diese auch hinsichtlich ihrer eigenen Nachhaltigkeit überprüft werden. So versuchen viele der befragten Unternehmen, ihre Printwerbung aus Nachhaltigkeitsaspekten möglichst zu reduzieren oder ausschließlich nachhaltiges Papier zu verwenden. Ein Unternehmen bewertet zwar die Maßnahmen hinsichtlich ihrer eigenen Nachhaltigkeit, jedoch ist das Unternehmen zu dem Entschluss gekommen, dass nicht alle Maßnahmen digitalisiert werden können und immer der Nutzen und die Klimakosten gegenübergestellt werden sollten. Daher setzt dieses Unternehmen weiterhin auf eine gedruckte Kundenzeitschrift, weil das Unternehmen mit einer gedruckten Version viel mehr Menschen erreichen kann.

Auch beim Thema Sponsoring achten die befragten Unternehmen darauf, dass es in den Nachhaltigkeitskontext passt. Eines sponsert beispielsweise nicht nur eine Fußballmannschaft im klassischen Sinne, sondern hat auch einen Verein dabei unterstützt, der erste klimaneutrale Bundesligaverein zu werden. Ein anderes Unternehmen legt ebenfalls Wert auf ein nachhaltigkeitsbezogenes Sponsoring, indem beispielsweise bestimmte Nachhaltigkeitsprojekte unterstützt werden.

Ein weiteres Unternehmen nutzt darüber hinaus eine klimaneutrale Website und setzt nur noch Werbeartikel ein, die den Aspekt Nachhaltigkeit erfüllen. Letzteres befolgt auch ein anderes Unternehmen. Hier werden beispielsweise Notizbücher, die aus Resten von Äpfeln hergestellt sind, verteilt. Eines der Unternehmen bemüht sich um einen klimaneutralen Out-of-Home-Auftritt, indem bestimmte Kompensationsmaßnahmen erfolgen.

Ein anderes Unternehmen verbindet, wie bereits erwähnt, Green Marketing mit nachhaltigen Aktionen, indem z. B. Bäume für das Klima gepflanzt werden. Ein weiteres Unternehmen versucht sogar, Außenwerbung nachhaltig zu gestalten. So hat das Unternehmen beispielsweise schon mal ein atmendes Riesenplakat einsetzt, das die Luft reinigt. Außerdem achtet dieses Unternehmen darauf, dass Werbepartner ebenfalls nachhaltig agieren.

Es zeigt sich somit, dass sowohl Unternehmen aus Gruppe 1 als auch aus Gruppe 2 und 3 versuchen, ihre eigenen Maßnahmen nachhaltiger zu gestalten. Nach Aussage eines Unternehmens ist dies auch ein wichtiger Aspekt in der Green-Marketing-Kommunikation, wie es mit folgender Aussage verdeutlicht:

„Also ich glaube auch, am Ende kann man mit seinen Produkten, was es dann auch sein mag, ob es Energieprodukte oder auch klassische FMCG-Produkte sind, auf dem Markt zeigen, was man will, wenn man dann mit der großen Out-of-Home-Kampagne oder mit einem Sampling […] auf der Reeperbahn, wo alles in Plastiktüten verpackt ist, auftritt. Dann ist es natürlich absolut nicht glaubwürdig und auch nicht […] zum Thema Nachhaltigkeit zuträglich." (Sobolewski, 2021, S. 52)

Im Rahmen des Green Marketings und der grünen Marketingkommunikation sollte ein Augenmerk darauf gelegt werden, Werbemaßnahmen nicht nur als Kommunikationsinstrument zu nutzen. Sie sollten immer auch hinsichtlich ihrer eigenen Nachhaltigkeit überprüft werden.

3.6.3   Interne Kommunikation

Bereits in Kap. 2 wurde deutlich, dass die interne Kommunikation im Rahmen des Green Marketings eine entscheidende Rolle einnimmt. Dies hat sich in den Interviews bestätigt (vgl. Sobolewski, 2021). Bei einem der Unternehmen hat Nachhaltigkeit sogar in der internen Kommunikation angefangen und erst anschließend seinen Weg in die externe Kommunikation gefunden. Dabei wird das Thema Nachhaltigkeit sowohl bei Veranstaltungen als auch in Newslettern bespielt und findet in der Regel in jedem Jour fixe Anklang. Ein anderes Unternehmen ergänzt jedoch, dass es bei einem großen Unternehmen nicht immer einfach ist, alle Mitarbeiter für ein solches Thema zu begeistern.

Dennoch kommen auch bei vielen weiteren Unternehmen zahlreiche interne Projekte zum Einsatz, die auf das Thema Nachhaltigkeit einzahlen. So können die Mitarbeiter in einem der Unternehmen beispielsweise eine Wildblumenwiese anpflanzen und die Mitarbeiter aus einem anderen Unternehmen werden freigestellt, um an Klimastreiks teilnehmen zu können. Aber auch nachhaltige Maßnahmen, die innerhalb des Unternehmens umgesetzt werden, spielen in der internen Kommunikation eine Rolle.

Bei einem weiteren Unternehmen werden hauptsächlich externe Nachhaltigkeitsaktionen in der internen Kommunikation aufgegriffen. In einem anderen Unternehmen spielt Nachhaltigkeit in der internen Kommunikation noch in unregelmäßigen Abständen eine Rolle, was sich zukünftig jedoch ändern soll. Dies begründet dieses Unternehmen wie folgt:

> „Ich glaube einfach, unsere Mitarbeiter, gerade bei einem Stadtwerk, sind ein super wichtiger Multiplikator. Die tragen ja, also die müssen das zuerst glauben, verstehen und auch wissen, dann die Fakten rund um den Nachhaltigkeitsaspekt kennen, um das überhaupt nach außen tragen zu können,

und das macht das Ganze umso authentischer, wenn ich die Mitarbeiter überzeuge, das sind unsere Werte, wir sind nachhaltig, das ist nicht nur für draußen schön plakatiert, sondern das ist uns ein Wert und ein gelebter Wert, dann kann ich an der Stelle nur gewinnen." (Sobolewski, 2021, S. 53)

Erst soll das Thema innen verfestigt werden, bevor es nach außen stärker kommuniziert wird. Dies ist aus der Sicht eines weiteren Unternehmens auch wichtig, wie es wie folgt erklärt:

„Denn wenn die Mitarbeiter nicht mitgenommen werden, dann funktioniert auch so ein System nicht." (Sobolewski, 2021, S. 54)

So sind nach Meinung mehrerer Unternehmen die Mitarbeiter auch Botschafter des Unternehmens, die solche Themen nach außen tragen. Lediglich bei einem der Unternehmen spielt das Thema in der internen Kommunikation noch keine Rolle. Hier wird die Meinung vertreten, dass das Thema von außen nach innen getragen wird und nicht umgekehrt.

3.6.4 Contentmanagement

In der grünen Kommunikation bilden häufig die Produktbestandteile für sich die Kommunikationsinhalte. Zwei der Unternehmen beschreiben deshalb beispielsweise den Wertschöpfungsprozess der Produkte in der Kommunikation. Ein Unternehmen transportiert dies insbesondere mit Bewegtbildern in Form von Erklärvideos oder Infografiken. Nach Aussage eines anderen Unternehmens eignen sich diese Formate insbesondere für Stromprodukte, denn wie eingangs schon deutlich wurde, ist Strom ein Commodity-Produkt und daher austauschbar und kann mittels solcher Erklärungen positioniert werden. Ein weiteres Unternehmen sieht dies ähnlich und ergänzt, dass mit solchen Hintergrundinformationen das Produkt auf einmal eine emotionale Komponente und damit ein Differenzierungsmerkmal erhält. Dies erklärt es wie folgt:

„[...], weil du ja quasi eine Geschichte über das Produkt erzählen kannst. Und mit der Geschichte, die du erzählen kannst, kannst du auch einen emotionalen Knopf drücken. Und wenn du den emotionalen Knopf quasi noch ein bisschen fester drücken kannst, indem du einen Zusatznutzen bietest, wie zum Beispiel einen schönen Vormittag mit der Familie, wo du einen Baum pflanzt, also quasi wo ein Produkt, was nicht greifbar ist, auf einmal greifbar wird, ist das ein großer Vergleich zu dem, wo es eigentlich nur um Kosten geht, nämlich um Arbeits- und Grundpreis. Das interessiert mich bei einem Graustromprodukt. […] Aber dadurch lädst du halt genau das Produkt einfach entsprechend auf." (Sobolewski, 2021, S. 54)

Storytelling eignet sich somit für die Kommunikation grüner Produkte ganz besonders. Eines der Unternehmen versucht, hier auch immer das komplette kommunikative Potenzial auszuschöpfen, und erläutert:

„Was wir jetzt machen, wir untersuchen so einen Anlass auf sämtliche Kommunikationspotenziale, die sich daraus ergeben. Das heißt, da kann ein Nice-to-Know für Facebook draus werden […]. Wir versuchen schon, unsere Themen über eine recht breite Klaviatur auszuspielen, und das geht kreuz und quer im Prinzip. Wir versuchen, Produkte, Neuprodukte z. B. auch für die Presse zu erzählen, indem wir z. B. sehr viel darüber sprechen, wie das zu der Mobilitätswende beispielsweise beiträgt." (Sobolewski, 2021, S. 55)

Außerdem werden im Rahmen der Green-Marketing-Kommunikation häufig Tipps und Tricks rund um das Thema Nachhaltigkeit kommuniziert. Dies hängt vermutlich damit zusammen, dass sich viele Unternehmen in einer Art Aufklärerrolle sehen, wie in Abschn. 3.2.1 deutlich wurde. Ein Unternehmen hat dies beispielsweise in Form eines Quiz umgesetzt, bei dem Kunden ihre eigene Nachhaltigkeit hinterfragen konnten. Außerdem führt das Unternehmen gelegentlich Gewinnspiele durch, bei denen Kunden Gutscheine für neue Elektroartikel gewinnen können. Hierzu wurden die Kunden beispielsweise aufgefordert, ein Foto von einer alten Waschmaschine einzureichen, und das schönste Foto wurde mit einem Gutschein für eine neue, nachhaltige Waschmaschine gekürt. Nach Aussage eines Unternehmens müsse man aber immer darauf achten, dass solche Tipps und Tricks auch glaubwürdig sind. Mehrere der Unternehmen sind allerdings der Meinung, dass die Unternehmen noch viel mehr Aufklärung betreiben könnten. Daher sollte man auch thematisch mehr in die Tiefe gehen. Nach Aussage eines der Unternehmen hängt der Informationsgehalt jedoch stark vom jeweiligen Produkt ab. So müsse die Kommunikation von grünen Produkten informativer sein als bei der klassischen Kommunikation. Daher geht eines der Unternehmen noch einen Schritt weiter und möchte rund um das Thema Nachhaltigkeit ein Erlebnis schaffen, wie mit folgender Aussage deutlich wird:

> „Also wir versuchen da jetzt, über eine leblose Kommunikation, also über Bildchen und Worte, hinaus, wirklich ein Erlebnis zu schaffen, dass die Menschen sagen: Oh wow, war mir vorher gar nicht so klar, dass das eigentlich ganz einfach ist. Oder: Da hab ich was erlebt, das integriere ich in meinen Alltag, das funktioniert ja." (Sobolewski, 2021, S. 55 f.)

Bei einigen der Unternehmen werden auch interne Nachhaltigkeitsmaßnahmen nach außen kommuniziert. Eines kommuniziert sogar seine Nachhaltigkeitsziele extern. Nach Meinung eines anderen Unternehmens ist dies jedoch nicht von bedeutender Relevanz.

Darüber hinaus wird für bestimmte Kommunikationsmedien, wie beispielsweise Magazine, explizit nach weiteren Nachhaltigkeitsthemen gesucht. Dabei spielen aktuell auch häufig Themen wie E-Mobility eine Rolle. Eines der Unternehmen streut z. B. auch weitreichende Informationen zum Thema Klimaschutz unter dem Kampagnennamen „Klima-Impulse". Ein anderes Unternehmen fügt hinzu, dass man noch viel mehr Nachhaltigkeitsthemen bespielen sollte. Ein weiteres Unternehmen greift beispielsweise auch die Baumpflanzaktion immer wieder in der Kommunikation auf. Ein wieder anderes Unternehmen ergänzt, dass man sich in der Kommunikation nicht immer nur auf das Produkt selbst stürzen sollte, sondern dass man insbesondere im Nachhaltigkeitskontext auf die verschiedenen Lebensbereiche, in denen das Produkt Einzug hält, eingehen sollte. Ein weiteres Unternehmen kommuniziert Nachhaltigkeit außerdem anlassbezogen, wie beispielsweise am Weltwassertag.

Nach Meinung eines der Beispielunternehmen ist es jedoch vor allem entscheidend, dass Nachhaltigkeitsthemen kontinuierlich kommuniziert und immer wieder die gleichen Worte benutzt werden, um den Kunden eine Orientierungshilfe zu geben.

Auch die Gestaltung der Werbemittel wird hinsichtlich des Aspekts
Nachhaltigkeit angepasst. Demzufolge wird z. B. bei grünen Themen
häufig die Farbe Grün verwendet. Das Corporate Design spielt jedoch
bei der Gestaltung weiterhin die vorrangige Rolle. Dabei wird bei einigen
Unternehmen darauf geachtet, dass sich Nachhaltigkeit im Corporate
Design widerspiegelt.

> Es kann somit zusammengefasst werden, dass insbesondere das Produkt
> selbst sowie Tipps und Tricks im Zusammenhang mit Nachhaltigkeit kom-
> muniziert werden. Außerdem spielt das Storytelling, wie bereits in Kap. 2
> deutlich wurde, im Rahmen der Green-Marketing-Kommunikation eine
> wichtige Rolle.

3.6.5 Nachweise

Eines der Beispielunternehmen erläutert, dass man nicht einfach Dinge
auf die Website schreiben, sondern auch die notwendigen Beweise schaffen sollte, um seine Glaubwürdigkeit zu unterstreichen. Alle befragten
Unternehmen versuchen, dies mit Nachweisen in Form von Zertifikaten
und Auszeichnungen umzusetzen. Ob dies gelingt, hängt jedoch stark
von der Qualität des Siegels ab, sodass die Unternehmen nicht jedes Siegel aktiv in der Kommunikation einsetzen sollten. Deshalb nutzt beispielsweise eines der Unternehmen insbesondere die Auszeichnung
„Deutscher Nachhaltigkeitspreis" sowie die TÜV-Auszeichnung
„Wegbereiter der Energiewende" aktiv in der Green-Marketing-
Kommunikation. Bei anderen Auszeichnungen sind die Unternehmen
eher zurückhaltend, da es sich hierbei häufig um kommerzielle Zertifikate handelt und dann die Seriosität nicht immer gegeben ist. Demnach
sieht sich die Zielgruppe solche Zertifikate ganz genau an. Ein Unternehmen ergänzt, dass Zertifikate nicht immer von jedem gutgeheißen
werden. Trotzdem sind Siegel und andere Nachweise für die Kunden ein
relevantes Kriterium. Dies gilt insbesondere für Unerfahrene und Nach-
haltigkeitseinsteiger. Ein anderes Unternehmen nutzt solche Nachweise
daher auch, um die Kunden für grüne Produkte zu begeistern. Nach Aussage eines weiteren Unternehmens sind Siegel zwar ein guter Einstieg,

jedoch müsse man ihrer Meinung nach langfristig andere Leistungs-beweise schaffen. Ein anderes Unternehmen versucht daher, seinen Leistungsbeweis darüber hinaus in Form von Referenzen aufzuzeigen.

> Es zeigt sich somit, dass die Unternehmen zwar einen Einsatz von Zerti-fikaten oder anderen Nachweisen in der Kommunikation empfehlen, um die Glaubwürdigkeit zu unterstreichen und dem Kunden eine Ent-scheidungshilfe zu geben, jedoch achten sie stark darauf, um welche Art von Nachweis es sich handelt. Es zeichnet sich somit ein gezielter Einsatz von Nachweisen ab.

3.6.6 Ansprache

Auch die Ansprache spielt in der Green-Marketing-Kommunikation eine entscheidende Rolle. So sollte die Tonalität in der Green-Marketing-Kommunikation nicht nur ernst sein. Zwei der Unternehmen betonen, dass man den Kunden davon überzeugen sollte, dass Nachhaltigkeit Spaß machen kann. Auch eine gewisse Leichtigkeit sollte man nach Aussage eines weiteren Unternehmens mittels der grünen Kommunikation trans-portieren. Demnach sollte trotz der Ernsthaftigkeit des Themas nicht mit dem Zeigefinger auf den Kunden gezeigt werden. Vielmehr sollte der Kunde mittels der grünen Kommunikation davon überzeugt werden, dass er die Wahl hat, wie nachhaltig er sein möchte. Eines der Unter-nehmen erläutert in diesem Zuge, dass es wichtig ist, dem Kunden unter-schiedliche Möglichkeiten aufzuzeigen:

„[... E]s geht im Wesentlichen darum zu erklären, warum es vielleicht genau dieses Produkt dann ist, was man wählen soll und nicht das andere, was vermeintlich vielleicht günstiger ist oder wie auch immer, anders daherkommt, bunter, größer, keine Ahnung." (Sobolewski, 2021, S. 58)

Somit sollte nicht der Verkauf, sondern die Überzeugungsarbeit im Vordergrund stehen. Eines der Unternehmen ist sogar der Meinung, dass man die Kunden eher erreicht, indem man sich auf die Bedürfnis-befriedigung fokussiert. Dies gelingt, indem man die verschiedenen Möglichkeiten aufzeigt und sagt:

„[…] Du hast ein Bedürfnis und wir bieten es dir nachhaltig an." (Sobolewski, 2021, S. 58)

Eines der Unternehmen war in der Anfangsphase des Green Marketings
deutlich aggressiver dem Kunden gegenüber. Das Unternehmen sieht dies
jedoch als Fehler an und stellt heute ebenfalls eher die Information in den
Vordergrund. Damit ist aber die Kommunikation nüchterner geworden. Gerade in der Anfangsphase ist es aber nach Aussage dieses Unternehmens entscheidend, das Thema emotionaler auszuspielen. Ein anderes Unternehmen
ist ebenfalls der Meinung, dass man die Kunden mittels der grünen Kommunikation eher emotional erreichen sollte. Ein weiteres Unternehmen stimmt
auch einer emotionalen Ansprache zu und begründet dies wie folgt:

„Also der Strom, der da aus der Steckdose kommt, der sieht ja nicht grün
oder gelb oder rosafarben aus. Sondern der fühlt sich immer gleich an.
Emotional fühlt er sich aber vielleicht anders an, wenn du weißt, der
kommt […] aus einem Windkraftwerk hier aus der Umgebung und kommt
nicht aus einem Kohlekraftwerk, was total dreckig ist, und emotional fühlt
sich das erst recht noch anders an, wenn du halt drei Wochen vorher da
einen eigenen Baum gepflanzt hast, weil dann die Verknüpfung ist: Ah,
Baum pflanzen ist gut fürs Klima, gut für unsere Stadt, gut für meine Kinder auch irgendwie. Und von daher ist das schon auch irgendwie auf einer
emotionalen Ebene, davon bin ich fest überzeugt, ein Differenzierungsver-
mögen. Definitiv." (Sobolewski, 2021, S. 59)

Dies sei ein wesentlicher Unterschied zu der Kommunikation von anderen Energieprodukten. Ein anderes Unternehmen hat hierzu jedoch eine
gegenteilige Meinung und denkt nicht, dass man einem Commodity-
Produkt durch das Thema Nachhaltigkeit eine Identität geben kann. Ein
weiteres Unternehmen verfolgt ebenfalls eine emotionale Ansprache, um
den Kunden für das nachhaltige Produkt zu begeistern. So ist es nach
dessen Aussage entscheidend, dass das Thema mit einem positiven Erlebnis verbunden wird und es nicht zu ernst und schwer transportiert wird,
wie es in der Vergangenheit oft der Fall war:

„Und deswegen sollte man jetzt als Kommunikations- und Marketing-
experte sich wirklich Sachen überlegen, die dem entgegenwirken und den
Skeptikern oder den noch Abgeneigten zeigen: Es geht auch einfach und

fang einfach klein an, dann ist es machbar und klein hilft auch schon. Und das ist z. B. auch durchgängig unsere Philosophie. Ja, lieber klein anfangen, aber anfangen. Machen!" (Sobolewski 2021: S. 59)

Ein anderes Unternehmen versucht ebenfalls in der Kommunikation zu unterstreichen, dass es einfach ist, nachhaltige Alternativen zu nutzen.

Nach einem weiteren Unternehmen muss die Ansprache auch informierend sein, indem man beispielsweise Zusatzinformationen bietet. Außerdem sollte die Ansprache in der grünen Kommunikation weniger preisbezogen, sondern vielmehr wertgebend und emotional sein. Andere Unternehmen stimmen dem zu. Hierbei ist es nach einem der Unternehmen jedoch entscheidend zu betonen, dass der Kunde etwas für die Umwelt tut, indem er das grüne Produkt kauft. Mittels der bereits erwähnten Baumpflanzaktionen versucht eines der Unternehmen, dem Kunden ebenfalls dieses Gefühl von Sinnhaftigkeit zu vermitteln. Es fasst jedoch zusammen, dass die Tonalität für jedes Produkt anders sein muss. Ein Ökostromkunde kann demnach nicht mit derselben Ansprache erreicht werden, die man für einen Energiemixkunden genutzt hat. Ein anderes Unternehmen versucht hingegen, Nachhaltigkeit wie jedes andere Produktattribut, wie beispielsweise den Preis, zu vermarkten.

Eines der Unternehmen legt im Zuge der grünen Kommunikation ein besonderes Augenmerk auf die Regionalität.

Die Unternehmen nutzen somit eine unterschiedliche Tonalität in der Kommunikation. Sie sind sich jedoch einig, dass man den Kunden nicht erreicht, indem man ihn zu den nachhaltigen Produkten drängt. Vielmehr geht es darum zu betonen, dass er die Wahl hat. Hierzu ist es wichtig, die Sinnhaftigkeit der grünen Produkte aufzuzeigen und den Kunden mittels einer informativen, aber auch emotionalen Ansprache zu erreichen.

Die Erkenntnisse aus Kap. 2 zur operativen Green-Marketing-Kommunikation kommen somit auch hier zum Vorschein (crossmedialer Kommunikationsmix, transparente Darstellung des Unternehmens und der Wertschöpfungskette, Fokus auf Werte und Aufklärung, Nutzung von Belegen, emotionale und rationale Ansprache, Dialogorientierung, Hoffnung statt Schuldgefühle, Komplexität reduzieren). Die Unternehmen müssen jedoch aufpassen, dass sie die Betonung der eigentlichen Leistungsvorteile nicht vernachlässigen.

3.7   Erfolgskontrolle der Kommunikation

In Abschn. 3.2 wurde bereits auf die Ziele im Rahmen der Green-Marketing-Kommunikation eingegangen. Im Folgenden wird erläutert, wie die Unternehmen vorgehen, um die Zielerreichung zu messen (Methoden). Außerdem wird auf die Erfolgsfaktoren eingegangen, die die Unternehmen für sich identifiziert haben.

3.7.1   Methoden

Eines der Unternehmen überprüft mittels einer Kommunikationsmessung, als wie nachhaltig das Unternehmen bei den Kunden wahrgenommen wird. Außerdem werten viele der Unternehmen Rückmeldungen der User auf den Social-Media-Kanälen aus. Dabei hat eines der Beispielunternehmen bereits herausgefunden, dass besonders Themen rund um den Bereich Recycling oder auch Tipps im Bereich ÖPNV gut angenommen werden.

Manche der Unternehmen versuchen darüber hinaus, regelmäßig mit den Stakeholdern in Austausch zu kommen, um Feedback zu erhalten. Eines der Unternehmen möchte so herausfinden, ob die Messages verstanden werden oder diese für die Zielgruppe überhaupt greifbar sind. Denn dies ist insbesondere bei komplexen Themen, wie Nachhaltigkeit, nicht selbstverständlich. Bei einem anderen Unternehmen kommen hierbei Workshops, Interviews, aber auch klassische Marktforschungen zum Einsatz, die von monatlichen bis hin zu Jahresauswertungen reichen. Außerdem führt dieses Unternehmen Medienresonanzanalysen und Markenmessungen durch. Der Blick von außen ist diesem Unternehmen sehr wichtig, um neue Perspektiven zu erhalten. Beispielsweise erfährt man so, was gut oder auch nicht so gut bei den Kunden angekommen ist oder ob der Fokus in der Kommunikation vielleicht anders gesetzt werden muss. Aber auch Feedback von den eigenen Mitarbeitern begrüßt dieses Unternehmen. Zwei andere Unternehmen führen ebenfalls Befragungen durch. Hierbei hat eines davon bereits herausgefunden, dass es insbesondere ein junges Publikum anspricht, sodass es seine Zielgruppe nun duzt. Auch ein weiteres Unternehmen betreibt viel Marktforschung, nutzt darüber hinaus aber auch Kundenbefragungen und A/B-Testings. Zusätzlich führt dieses Unternehmen eine Werbeerfolgskontrolle durch und passt die abgefragten Items für den Bereich Nachhaltigkeit an. Ein anderes Unternehmen nutzt zur Kommunikationsauswertung nur Resonanzanalysen und wertet die Social-Media-Aktivitäten aus. Letztere analysiert auch ein weiteres Unternehmen. Darüber hinaus greift dieses Unternehmen ebenfalls auf Marktforschungen zurück und hat hierüber bereits die Erkenntnis gewonnen, dass sich Nachhaltigkeit positiv auf das Image auswirkt. Auch hat es bereits in einer Studie herausgefunden, dass Siegel positiv von den Kunden bewertet werden. Ein weiteres Unternehmen setzt außerdem auf klassische Auswertungen wie Reichweitenmessung und Clipping-Anzahl.

Eines der Beispielunternehmen verfolgt insbesondere, mit welchen Themen das Unternehmen welche Präsenz in der Öffentlichkeit hat, und analysiert, inwieweit das Unternehmen als nachhaltig und glaubwürdig eingestuft wird. Über die sozialen Medien versucht es zudem, in einen Austausch mit der jüngeren Zielgruppe zu kommen. Dabei regen die Themen ohnehin schon zur Diskussion an, sodass der Austausch gar nicht aktiv gefördert werden muss, erläutert dieses Unternehmen. Außerdem hat es durch persönliches Feedback bereits die Rückmeldung erhalten, dass es mit seiner Nachhaltigkeitskommunikation auf einem guten Weg ist. In Markforschungen soll dies zusätzlich nochmal bestätigt werden. Ein weiteres Unternehmen führt ebenfalls Kundenbefragungen durch und hat aufgrund dessen erst kürzlich sein Corporate Design angepasst. Außerdem greift das Unternehmen Feedback aus internen Foren sowie von Zukunfts- und Nachhaltigkeitsforschern auf, um sich so für die Nachhaltigkeitskommunikation Impulse geben zu lassen. Um weitere Erkenntnisse für die Green-Marketing-Kommunikation zu erhalten, werden darüber hinaus Medienresonanzanalysen und Auswertungen der Pressespiegel hinzugezogen. Ein anderes Unternehmen setzt eher auf die Kundenzahlen als Indiz für gelungene oder nicht gelungene Green-Marketing-Kommunikation.

Die Unternehmen nutzen somit klassische Analysetools, um ihre Green-Marketing-Kommunikation auszuwerten, jedoch haben sich die untersuchten Items im Vergleich zur klassischen Kommunikation geändert. So wird insbesondere untersucht, inwiefern das jeweilige Unternehmen als nachhaltig wahrgenommen wird. Hierbei spielen gezielte Befragungen ebenso eine große Rolle wie persönliches Feedback über Social Media und andere Kanäle.

3.7.2 Erfolgsfaktoren

Abschließend wurden die Unternehmen danach befragt, welche Faktoren aus ihrer Sicht entscheidend für den Erfolg der Green-Marketing-Kommunikation sind. Hierbei kann festgestellt werden, dass für viele der Unternehmen das intrinsische Interesse des Unternehmens und der Mitarbeiter ein entscheidender Faktor für eine erfolgreiche Green-Marketing-Kommunikation ist. Dies unterstreicht eines der Unternehmen mit folgender Aussage:

> „[… W]enn man nicht selbst davon überzeugt ist, wie will man dann andere davon überzeugen und nach außen zeigen, dass einem das Thema wichtig ist?" (Sobolewski, 2021, S. 63)

Ein anderes Unternehmen ergänzt, dass die Mitarbeiter an dieser Stelle wichtige Multiplikatoren sind, um das Thema glaubhaft nach außen zu kommunizieren.

Allgemein ist aber die eigene Glaubwürdigkeit für die meisten Unternehmen der wesentlichste Faktor für eine gelungene grüne Kommunikation. Hierzu sollten das unternehmerische Handeln und die Kommunikation kongruent sein, betont eines der Unternehmen. Ein anderes Unternehmen führt fort:

> „Wenn man nicht glaubwürdig ist und nicht ehrlich kommuniziert und es passiert irgendein Fauxpas, dann macht man so viel kaputt. Das kann man nie wieder aufbauen." (Sobolewski, 2021, S. 63)

Demnach sollten Unternehmen offen und transparent darstellen, wie nachhaltig sie wirklich sind. Ein weiteres Unternehmen verdeutlicht dies mit folgender Aussage:

> „Und auch eine gewisse Bereitschaft zur Transparenz mitzubringen, eben auch die Bereitschaft zu sagen: Okay, hier sind wir dran, hier sind wir noch nicht perfekt. Ich glaube, nur so kommt man auch mit nicht lupenreiner Nachhaltigkeit durch, indem man ganz offen sagt: Hey, wir versuchen es,

aber und das und das haben wir schon erreicht und da und da arbeiten wir noch dran." (Sobolewski, 2021, S. 63)

Viele der Unternehmen betonen daher auch, dass man Belege schaffen sollte, um im Vorhinein mögliche Green-Washing-Vorwürfe zu entkräften. Demnach ist es entscheidend, Dinge erst wirklich umzusetzen, bevor man diese kommuniziert. Nach Aussage eines der Unternehmen ist das insbesondere für Unternehmen von großer Bedeutung, die nicht von Anfang an eine grüne Strategie verfolgen, sondern sich erst dahin entwickelt haben:

„[… D]eshalb ist es uns umso wichtiger gewesen, wirklich zu zeigen, dass wir uns verändert haben, wie wir uns verändert haben, und dann erst darüber zu sprechen. Aber auch jetzt nicht, dass wir das irgendwie in die Welt hinausschreien, sondern dass wir es immer wieder in die Kommunikation einfließen lassen und so zeigen, dass wir dahinterstehen und dass wir das Thema wirklich als Haltungsthema verstehen […]" (Sobolewski, 2021, S. 64)

Diese unternehmerische Gesamtausrichtung sehen zwei andere Unternehmen ebenfalls als Erfolgsfaktor für die Green-Marketing-Kommunikation an. Eines davon ergänzt, dass das Unternehmen unbedingt ein klares Produktbekenntnis haben und letztendlich auch das Unternehmen eine klare Nachhaltigkeitsstrategie verfolgen sollte. Ein anderes Unternehmen führt fort, dass man daher in der grünen Kommunikation noch stärker eine Verbindung zu den Produkten/Services schaffen sollte. Des Weiteren sind mehrere der befragten Unternehmen der Meinung, dass man lieber etwas zurückhaltender kommunizieren sollte. Ein Unternehmen führt in diesem Zusammenhang aus, dass man nicht immer alles nach außen kommunizieren muss, aber alles, was man kommuniziert, der Wahrheit entsprechen sollte. Daher sollte man sich innerhalb des Unternehmens nochmal rückversichern, bevor man etwas nach außen kommuniziert. Nach einem anderen Unternehmen sollte man außerdem keine konkreten Zahlen nennen, damit man keine falschen Erwartungen schürt. Ein weiteres Unternehmen ergänzt, dass man den Kunden generell einen nachhaltigen Lebensstil näherbringen sollte, um seine

Glaubwürdigkeit noch weiter zu unterstreichen. Eines der Unternehmen ist ebenfalls der Meinung, dass die in Abschn. 3.6.4 erwähnten Tipps und Tricks für einen nachhaltigen Lebensstil die grüne Kommunikation bekräftigen. Ein weiteres Unternehmen ergänzt, dass jedoch klar vermittelt werden sollte, warum man als Energieversorgungsunternehmen über fachfremde Nachhaltigkeitsthemen informiert.

Außerdem sollten die Unternehmen versuchen, die Komplexität der grünen Kommunikation zu reduzieren, und die Kommunikation sollte konsequent erfolgen. Auch sollten sich die Unternehmen bewusst machen, dass die grüne Kommunikation Geld kostet. Ferner ergänzt eines der Unternehmen, dass dem Kunden klar kommuniziert werden sollte, was die Ziele des Unternehmens sind und welchen Nutzen der Kunde hat. Andere Unternehmen fügen hinzu, dass die grüne Kommunikation regelmäßig erfolgen sollte. Als weiteren Erfolgsfaktor nennt ein Unternehmen Aktualität. So sollte man in der grünen Kommunikation auf aktuelle Themen Bezug nehmen. Außerdem sollte man sich nicht auf bestimmte Kanäle konzentrieren, sondern die Kommunikation sollte crossmedial erfolgen. Darüber hinaus ist es nach der Einschätzung zweier Unternehmen entscheidend, den Absatzgedanken in den Hintergrund zu rücken. Ein weiteres Unternehmen betont zudem, dass man mit den Kunden und Stakeholdern in einen offenen Dialog treten sollte. Außerdem müsse die grüne Kommunikation auch verständlich sein und nach einem weiteren Unternehmen sei es darüber hinaus von Vorteil, das Thema Nachhaltigkeit mit einem Erlebnis zu verbinden. Ein wieder anderes Unternehmen erläutert zudem, dass man für die grüne Kommunikation ein gewisses Bauch- und Fingerspitzengefühl benötigt. Gutes Storytelling ist für ein weiteres Unternehmen ebenfalls ein Erfolgsfaktor.

> Es kann somit festgehalten werden, dass Glaubwürdigkeit, Transparenz und eine konsequente Umsetzung für die Unternehmen die wesentlichen Erfolgsfaktoren für eine gelungene grüne Kommunikation darstellen.

Durch die Auswertung der empirischen Untersuchung kann die in Kap. 2 aufgeführte Tab. 2.1 wie in Tab. 3.1 dargestellt erweitert werden.

Tab. 3.1 Erkenntnisse zur Green-Marketing-Kommunikationspolitik II. (Quelle: Eigene Darstellung)

Teilentscheidung in der Kommunikationspolitk	Erkenntnisse zur grünen Kommunikation
Kommunikationssituation	**Zusätzliche Erkenntnisse:** Einflussfaktoren: gestiegenes Interesse des Themas Nachhaltigkeit, Marktsituation weiterhin relevant (insbesondere Preis und Positionierung der Wettbewerber), eigene unternehmerische Ausgangslage sowie intrinsische Motivation der Mitarbeiter
Kommunikationsziele	Ziele müssen im Rahmen des GM neu definiert werden (Fokus weniger auf Verkauf, sondern eher auf Image, Bekanntmachung, grüne Reputation), **Weitere Ziele:** Kundenbindung und Aufklärung, z. T. klassische Verkaufsziele
Kommunikationszielgruppen	Nachhaltigkeit für alle relevant, jedoch Fokus insbesondere auf nachhaltige Zielgruppen, wie z. B. LOHAS oder bestimmte Sinus-Milieus
Kommunikationsstrategie	Vereinbarung von klassischer und grüner Kommunikation, starker Nachhaltigkeitsfokus, Integrierte Kommunikation **Zusätzliche Erkenntnisse:** Positionierung verdeutlichen
Kommunikationsbudget	**Zusätzliche Erkenntnisse:** Allgemeines Kommunikationsbudget, das in Richtung Nachhaltigkeit umgeschichtet wird, sowie teilweise separates Budget für Sonderaktionen
Operative Kommunikation	Crossmedialer Kommunikationsmix, transparente Darstellung des Unternehmens und der Wertschöpfungskette, Fokus auf Werte und Aufklärung, Nutzung von Belegen, emotionale und rationale Ansprache, Dialogorientierung, Hoffnung statt Schuldgefühle, Leistungsvorteile nicht vernachlässigen und Komplexität reduzieren **Zusätzliche Erkenntnisse:** nachhaltiger Instrumenteneinsatz, interne Kommunikation wichtig, Storytelling, hoher Informationsgehalt, gezielter Einsatz von Nachweisen, Leichtigkeit betonen

(Fortsetzung)

Tab. 3.1 (Fortsetzung)

Teilentscheidung in der Kommunikationspolitk	Erkenntnisse zur grünen Kommunikation
Kommunikative Erfolgsmessung	**Zusätzliche Erkenntnisse:** Klassische Analysemethoden, persönliches Feedback, Fokus auf nachhaltige Wahrnehmung **Erfolgsfaktoren:** Glaubwürdigkeit, Transparenz, intrinsische Motivation

Literatur

Elke, M., Geigenmüller, A., & Leischnig, A. (2014). Commodity Marketing – Eine Einführung. In M. Elke, A. Geigenmüller & A. Leischnig (Hrsg.), *Commodity Marketing – Grundlagen – Besonderheiten – Erfahrungen* (S. 3–26). Springer Gabler.

Institut für Arbeitsmarkt- und Berufsforschung. (2019). IAB-Forschungsbericht – Aktuelle Ergebnisse aus der Projektarbeit des Instituts für Arbeitsmarkt- und Berufsforschung. http://doku.iab.de/forschungsbericht/2019/fb0819.pdf. Zugegriffen am 06.08.2021.

Kraus, D. (2020). *Green Marketing – ein Ansatz nachhaltiger Unternehmensführung aus Sicht des Marketings* (Erfurter Hefte zum angewandten Marketing, Bd. 57). Fachhochschule Erfurt.

Sobolewski, S. (2021). *Der Einfluss von Nachhaltigkeit auf die Kommunikationspolitik von Unternehmen im Rahmen des Green Marketing – Eine qualitative Studie anhand ausgewählter Fallbeispiele.* Masterarbeit. Düsseldorf: IST-Hochschule für Management.

Weigand, H. (2017). *Green Marketing – inkl. Arbeitshilfen online: Erfolgsstrategien für kleine und mittelständische Unternehmen.* Haufe Lexware.

4

Fazit und Ausblick

Zusammenfassung In diesem Kapitel wird ein Fazit gezogen und ein Ausblick auf künftige Entwicklungen gegeben. Green Marketing ist kein kurzfristiger Trend. Demzufolge wird auch grüner Marketingkommunikation eine zunehmend bedeutungsvollere Aufgabe in Unternehmen zukommen. Sie steht unter besonderen Aufgaben und Herausforderungen, weil die Anspruchsgruppen hier meist noch kritischer sind.

In Kap. 1 und 2 wurde deutlich, dass Green Marketing kein kurzfristiger Trend und erst recht keine einmalige Aktion ist. Es handelt sich vielmehr um eine langfristige Unternehmensausrichtung. Doch Unternehmen, die sich für das Green Marketing entscheiden, müssen einen besonders großen Wert auf die Kommunikation legen, da die Anspruchsgruppen bei Nachhaltigkeitsthemen häufig noch kritischer sind. Wenn die Kommunikation in den Augen der Anspruchsgruppen nicht authentisch ist, kann mitunter das ganze Unternehmen darunter leiden. Somit sind bei der grünen Kommunikation viele Besonderheiten zu beachten. Hierzu wurde in Abschn. 2.3 zunächst ein Überblick über die bisherigen Erkenntnisse

M. J. Bauer, S. Sobolewski, *Grüne Marketing-Kommunikation*, https://doi.org/10.1007/978-3-658-37860-8_4

zur grünen Kommunikationspolitik gegeben, die anschließend in Kap. 3 mittels Befragungen von Beispielunternehmen erweitert wurden. Mit Bezug auf die Frage, welchen Einfluss Nachhaltigkeit auf die Kommunikationspolitik von Unternehmen im Rahmen des Green Marketings hat, ist es insbesondere wichtig, folgende Ergebnisse zu betonen:

Im Rahmen der Situationsanalyse ist festzustellen, dass durch den Nachhaltigkeitsfokus insbesondere das intrinsische Interesse der eignen Mitarbeiter großen Einfluss auf die Ausgestaltung der Kommunikationspolitik nimmt, jedoch auch die jeweilige Marktsituation eine entscheidende Rolle spielt. Außerdem verändern sich die Ziele durch das Thema Nachhaltigkeit. Der klassische Verkauf rückt immer weiter in den Hintergrund und neue Ziele, wie Aufklärung im Bereich Nachhaltigkeit zu leisten, kommen hinzu. Dagegen spielt Nachhaltigkeit in der Zielgruppendefinition eher eine untergeordnete Rolle. Die meisten der Beispielunternehmen richten ihre Kommunikation nicht auf eine spezifische Nachhaltigkeitszielgruppe aus, sondern versuchen eher, die Allgemeinheit anzusprechen. Außerdem wird deutlich, dass Unternehmen im Rahmen des Green Marketings ihre gesamte Kommunikationsstrategie zunehmend dem Thema Nachhaltigkeit widmen und somit kaum noch andere Themen aktiv in der Kommunikation ausspielen. Dadurch werden die grüne und klassische Kommunikation zunehmend integriert und jegliche Kommunikation wird durch eine Nachhaltigkeitsbrille betrachtet. Dabei wird jedoch kein neues Budget zur Verfügung gestellt, sondern die Unternehmen schichten ihr bisheriges Kommunikationsbudget in Richtung Nachhaltigkeit um. Wenige haben auch noch ein zusätzliches Budget für Sonderaktionen zur Verfügung. Des Weiteren wurde im Rahmen der operativen Kommunikation besonders deutlich, dass die Green-Marketing-Kommunikation rund um das Thema Sinnhaftigkeit und Wertevermittlung gestaltet wird und sich somit die Ansprache gegenüber der klassischen Marketingkommunikation verändert hat. Dabei kommen alle gängigen Kommunikationsinstrumente zum Einsatz, die jedoch hinsichtlich ihrer eigenen Nachhaltigkeit überprüft werden. Im Rahmen der Erfolgskontrolle kommen ebenfalls gängige Instrumente zum Einsatz, jedoch haben sich hier, bedingt durch die veränderte Zielsetzung, die abgefragten Indikatoren geändert. So ist es den Beispielunternehmen insbesondere wichtig, dass sie als nachhaltig agierende Unternehmen wahrgenommen werden. Außerdem werden folgende wesentliche Erfolgsfaktoren für eine gelungene grüne Kommunikation identifiziert: Transparenz, Ehrlichkeit und Glaubwürdigkeit. Zudem ist eine integrierte Kommunikation hier zwingend erforderlich, um einheitlich nach außen aufzutreten.

Es kann somit zusammengefasst werden, dass Nachhaltigkeit im Rahmen des Green Marketings einen erheblichen Einfluss auf die Kommunikationspolitik von Unternehmen ausübt und sich sowohl die Ziele als auch Strategie und operative Kommunikation durch das Green Marketing verändert haben. Dabei zeigt sich: Je grüner das Unternehmen agiert, desto mehr verändert sich die klassische Kommunikationspolitik.

Anhand einiger Praxisbeispiele konnte zudem aufgezeigt werden, wie die grüne Kommunikation konkret umgesetzt werden kann. Auch wenn es sich hierbei ausschließlich um Beispiele der Energiebranche handelt, können die Ergebnisse interessante Einblicke für andere Branchen bieten. Allerdings muss bedacht werden, dass es sich bei der Energiebranche um einen Spezialfall handelt, da diese Branche unter besonders starker Beobachtung steht. Denn viele Energieversorgungsunternehmen bieten weiterhin Graustrom an, der erhebliche Auswirkungen auf die Umwelt hat. Zudem handelt es sich hierbei um ein Commodity- und damit um ein Low-Involvement-Produkt. Auch sollte berücksichtigt werden, dass in den Fallbeispielen zum Teil öffentliche Unternehmen befragt wurden und somit könnten hier die Spezifika des Public Marketings zum Tragen kommen (Wesselmann & Hohn, 2017). Außerdem wurden hier nur deutsche Unternehmen als Fallbeispiele berücksichtig. Zudem muss bedacht werden, dass in diesem Fall der Fokus auf der ökologischen Komponente der Nachhaltigkeit lag.

Alles in allem wird jedoch deutlich, dass es sich beim Green Marketing um ein Zukunftsmodell handelt, das sich viele Unternehmen zu Herzen nehmen sollten, um ihren Beitrag zum globalen Wandel zu leisten. Denn wie eingangs bereits erwähnt, haben Marketing und Kommunikation schon immer Einfluss auf Menschen ausgeübt und somit kann Green Marketing mit einer gelungenen grünen Kommunikation Menschen in Richtung Nachhaltigkeit bewegen.

Das Buch endet deshalb mit einem Zitat, um Marketing- und Kommunikationsverantwortliche zum Green Marketing und zur Green-Marketing-Kommunikation zu ermutigen:

„[…] if you want to change the world fast – as we have to – then marketing can be pretty useful." (Grant, 2020, S. 1).

Literatur

Grant, J. (2020). *Greener marketing*. Wiley.

Wesselmann, S., & Hohn, B. (2017). *Public Marketing. Marketing-Management für den öffentlichen Sektor* (4. Aufl.). Springer Gabler.

The manufacturer's authorised representative in the EU is Springer Nature Customer Service Centre GmbH, Europaplatz 3, 69115 Heidelberg, Germany. If you have any concerns regarding our products, please contact ProductSafety@springernature.com

Printed and bound by CPI Group (UK) Ltd, Croydon, CR0 4YY
24/04/2026
02096351-0003